秘録
核スクープの裏側

太田昌克

講談社

「**秘録**——核スクープの裏側」

太田昌克

はじめに

二〇一二年一一月七日の午前八時前。核政策を担当する英国の政府高官や国会議員、さらに反核活動家へのインタビューを行うため、ロンドンに着いて二日目の朝だった。

バッキンガム宮殿や英国議会議事堂、さらに主要官庁が集まるウェストミンスターの一角にあるトラファルガー広場の真裏。ナポレオン率いるフランス軍と激しく対峙《たいじ》した英国軍が一八〇五年のトラファルガー海戦で勝利したのを記念して造られた、この歴史的広場の名を冠したホテル「ロイヤル・トラファルガー」で目覚めた。窓の外はまだ白っぽく、薄暗さが残る。

時差ぼけのせいか長時間眠れず、二度寝を試みたが、緊張感のせいでなかなか熟睡できなかった。あくびを抑えながら、急いでテレビのリモコンボタンを押す。ディスプレイには、時差が六時間遅れの米国シカゴからの映像。漆黒《しっこく》の空の下で、バラク・オバマが意気軒高《けんこう》に演説している。

「やはり勝ったか……」

睡眠不足を促進させた緊張感から一瞬、解放された。二〇一三年一月二〇日からの四年間、引き続き米国の外交政策、とりわけ核軍縮・不拡散政策のかじ取りを、大統領に再選されたオバマが行うことが確定したからだった。

黒人初の米大統領に対する日本人の印象はさまざまだろう。歴代大統領の中でも歴史的な雄弁家であるオバマの表面的な政治スタイルに格好良さや壮快さを感じる人もいれば、敵対する共和党や保守派との鋭い対立状況から重要政策の実現を図れないオバマを「口先だけ」と見なす人もいるかもしれない。

また大統領就任から一年も経たないうちにノーベル平和賞を受賞したことから、「平和の使者」のようなイメージがオバマにつきまとう。しかしノルウェー・オスロの授賞式で「戦争という手段には平和を守る役割がある」と言明したことに象徴されるように、実はオバマが冷徹なリアリストの顔を持つことに気付いている日本人も少なくないはずだ。私自身、この受賞演説をテレビ中継で見ていて身の毛がよだつ思いがした。

「せっかくの平和賞授賞式なのに、ここまで強面《こわもて》のリアリズムに徹するのか……」と。

オバマに対するさまざまなイメージが輻輳《ふくそう》するが、多くの日本人にとってとりわけ印象深いのは、二〇〇九年四月五日、彼が東欧のチェコ・プラハで行った「核なき世界」の演説だろう。おそらく後世に長く語り継がれるであろうプラハ演説でオバマは、自分が生きているうちに核兵器がなくなることはないだろうと悲観的な見方を示しながらも、核超大国の米国が「核兵器のない世界の平和と安全を追求する」と言い切った。

オバマはその後、機会あるごとに核テロや核拡散の脅威を訴え、核兵器の役割を低減させるための核政策見直しを行うなど、日本人に因縁《いんねん》深い核の問題に熱心に取り組んできた。二発の原爆を投下して多くの無辜《むこ》の民の命を奪ったハリー・トルーマンは別として、第二次世界大戦後の米大統領の中で最も核問題について考究し、メッセージを対外的に発信してきた米大統領がオバマではないか。

私自身、オバマに幻想を抱くつもりはまったくない。リベラルな価値観を志向しながらも、オバマは間違いなくリアリストである。米大統領であり続ける以上、自国の国民と領土の安全保障を第一に考えて再選後の政策決定を進めていくはずだし、米国民に対してそうする責務がある。また核政策をめぐっても、日本や韓国、欧州の政治指導者が求める「核の傘」を担保しながら、相《あい》も変わらず核抑止論に立脚した核戦略を堅持し、核戦力を温存するための核兵器近代化計画にも一定の予算を投じていくだろう。

それでも、トラファルガー広場の裏で見たシカゴのテレビ映像は、私にとって安堵《あんど》すべき朗報だった。そしておそらく、「核なき世界」の実現を願う多くの日本人にとっても、そうだったのではないかと考える。

もう次の再選を意識しなくていいオバマが今後、さらなる核削減や包括的核実験禁止条約（CTBT）批准《ひじゅん》を目指した政策遂行の軌跡をたどっていくことに期待したい。また、核兵器の根源的な役割は何かという冷戦後の本質的な問いに立ち返り、さらなる核兵器の役割低減を模索することで、全世界に広がる核のリスクの除去を進めてもらいたい。

もちろん、保守派とリベラル派の相克《そうこく》が年ごとに峻厳《しゅんげん》さを増す米国の政治状況を考えると、その実現はとても容易なことではない。

そして何より、私たちの住んでいる国、約七〇年前に二発もの原爆を投下された日本の権力機構の内側に、核兵器という「絶対悪」を抑止力の源泉とみなし、これを「必要悪」として是認する

〝抵抗勢力〟が厳然と存在することをけっして忘れてはならない。

ロンドンから帰国した翌週に当たる二〇一二年一一月一六日、民主党の野田佳彦《よしひこ》首相は衆議院を解散して、総選挙に打って出た。

かつて消費税を導入ないしは増税しようとした多くの宰相が世論に離反され、政権の座を失った憂き目を考えると、野田による消費税増税は驚くほどスムーズで、呆《あき》れるほど瞬間的だった。「近いうち」の衆院解散をほのめかして最大野党である自民党から超党派合意を取り付けたことが、その最大の理由だろう。だが、私がロンドンに向かった一一月五日の時点では、「年明け解散」あるいは「春先解散」はあっても、「年内解散・総選挙」というムードは実感できず、私も正直、唖然《あぜん》とさせられるしかなかった（投開票日の一二月一六日は、東京電力福島第一原発事故を受け、原子力安全と福島の今後を議論する日本政府と国際原子力機関＝ＩＡＥＡ＝共催の閣僚級国際会議が福島県郡山市で開かれることが早くから予定されていたため、よけいに私は、野田政権がこの日に総選挙の投開票日をぶつけてきたことに驚きを禁じ得なかった）。

振り返ればその三年前の二〇〇九年八月、日本の憲政史上、文字どおり画期的な政権交代選挙が行われ、六〇年以上の長きにわたって続いた戦後保守政治に大きな変化がもたらされると大多数の日本人が予感し、また期待した。太平洋の向こうの選挙戦で「チェンジ」を連呼し、老若男女を熱狂させたオバマ大統領が同じ年の一月に登場したことも、久しく緩慢で静定状態に映る日本政治に変化が不可欠であることをいっそう強く大勢の日本人に認識させた。

私自身、三年前はそんな日本人の一人であり、「何かが変わるかもしれない」と一人の有権者として、また一納税者として淡い期待感を膨らませていた。特に、ジャーナリストとして核問題を長年追い続けてきた立場から、そんな楽観論を体感できる予兆が二〇〇九年八月以前の時点で確かに観察できていた（この観察の詳細は本書の第1章以降で具体的にご説明したい）。そして核超大国にオバマが君臨したことと相俟《あいま》って、とにかく「核の傘」一辺倒で「核抑止」を半《なか》ば空念仏《からねんぶつ》のごとく唱えてきた日本の核政策にも、漸進《ぜんしん》的ながらも革新的な変化が訪れるのではないか、少なくともそのチャンスが到来しているのは間違いない——との思いを強くしていた。

しかし、だ。そんな期待はみごとに裏切られてしまった。

それまでの歴代保守政権がうそと虚偽説明で真相を糊塗《こと》し続けてきた「核持ち込みの密約（核密約）」をはじめとする日米密約の解明をめぐっては、政権交代選挙で誕生した民主党政権が重要な歴史的役割を果たしたことは否定しようがないだろう。また、半世紀以上にわたり外務省の「奥の院」に封印されてきた日米密約や日米安保の関連資料が大量に一般公開されたことも、「開かれた外交」と透明性強化を訴え続けてきた民主党ならではの実績と評価したい。

それでも、核をめぐる政策そのものに関しては、民主党政権下の三年三ヵ月の間において根本的な「チェンジ」はなかった。「核の傘」への信奉が基本的に揺らぐことはなく、米軍核搭載艦船の日本への通過・寄港を黙認した核密約の存在を認定しながらも、「核を持たず、つくらず、持ち込ませず」の「非核三原則」の法制化が政権内で具体的に検討されることはなかった。

比較的最近の事例を挙げよう。スイスやノルウェーなど一六ヵ国が主導し、計三五ヵ国が国連総会第一委員会で公表した核兵器の「非人道性」と「非合法化」を訴える声明について、野田政権は「わが国の安全保障政策と必ずしも合致しない内容がある」との理由で賛同を見送った。

核兵器を法的に禁止すると、米国の差し掛けてくれる「核の傘」に支障が出る——こんな理屈である。これでは「核の傘」を金科玉条のものと位置付け、思考停止状態に陥っていた自民党時代と何ら代わり映《ば》えがしない。

だいたい、日本政府は一貫して核廃絶を追求する立場を表明し、オバマの言う「核なき世界」にも賛同してきたではないか。核兵器を将来的に非合法化せずに、いかにして「核なき世界」を実現していくというのか。しかもこの声明は、「核の傘」をたちまち否定する内容にすらなっていない。「唯一の戦争被爆国」としてあまりに情けないのではないか。

そして、こうした腰砕けとも呼べる民主党の〝非核政策〟は、オバマの核政策にも少なからぬ影響を与えた。核兵器の役割を相手の核攻撃を抑止する目的だけに限定した「唯一の目的」政策（この政策は相手が核兵器を使うまで自身が核兵器を使わないとする核の「先制不使用」政策に通じる）の採用が、二〇〇九年から一〇年にかけてオバマ政権内で検討されたが、当時の鳩山由紀夫政権内からはこの重要な政策変更を明確にサポートする声が聞こえてこなかった。「唯一の目的」政策を推進するワシントンの政策決定者やニューヨークの国連関係者、そして世界中の反核系非政府組織（NGO）関係者らは大いに落胆した。

本書は、日米両国に民主党を主体とする政権が誕生した二〇〇九年以来、日米双方でダイナミックな動きのあった「核」をめぐる問題に洞察《どうさつ》の光を当てながら、日米の政策決定空間を取材したノンフィクション・ルポである。日本の民主党政権が行ったいくつかの政策決定に関しては、恐ろしいくらいの因縁で私の手掛けた調査報道が影響を与えたこともあり、やや主観交《ま》じりではあるが、その軌跡を客観的に描いたつもりである。

私は二〇〇八年春、〇三～〇七年まで滞在した米国での取材を中心に、現代における核の脅威の実像を描いた『アトミック・ゴースト』（講談社）を出版させていただいた。本書はそれから五年間、あらためて日本に生活の根を下ろしながら、ジャーナリストとして、また子を持つ親として、「核」という日本人にとって特別なテーマに真正面から取り組んだ集積とお考えいただきたい。

第1～3章は、私とある歴史証言者の邂逅《かいこう》が引き金となってマスコミ報道が追随し、最終的に従来の政策慣行に一大変化をもたらした核密約報道の顛末《てんまつ》を克明に描いた。第4、第5章はオバマの登場に伴う米核政策の潮流の変化とこれに戸惑う日本側の動きを追った。第6章は「核なき世界」の松明《たいまつ》を掲げる若き大統領の唱える「チェンジ」が、核政策については道半ばである実情を検証した。最後の第7章は、未曾有《みぞう》の巨大原発事故が照射した「日米核同盟」の内実を歴史的に考究してみた。なお、登場人物の肩書きはストーリーが展開している当時のものを明記し、敬称は基本的に省略した。また脚注はあえて設けず、文中に詳しい出典をなるだけ記すよう心掛けた。どうかご容赦賜りたい。

最後に私事になってまことに恐縮だが、本書が焦点を当てた二〇〇九～一二年、特に最初の二年間、筆舌に尽くせぬ不幸と苦悩が自分と家族を襲う中、多くの心ある方々に支えられ、励まされることでジャーナリストとしての仕事を続けてこられた。心より感謝申し上げたい。

そして、病魔と闘いながらも私と子どもらを最後まで懸命に支え、今も私たちを見守ってくれている天国の家内、実芭にこの一冊を捧げたい。

二〇一二年一一月
太田昌克

装丁：下山隆　福永真未（RedRooster）
写真図版提供：Ｐ13、Ｐ22、Ｐ41、Ｐ51、Ｐ68、Ｐ１０３、Ｐ１１５、Ｐ１５９、Ｐ２３０、Ｐ２３５、Ｐ２４１は共同通信社
ほかはすべて講談社資料センター

第1章

「遺言」

——二〇一〇年一〇月一日

2010.10.01

米原子力空母エンタープライズの長崎県・佐世保基地入港を阻止しようと、新左翼系学生や労組員の反対運動が激化。機動隊と市街戦さながらの衝突を繰り返し多数の負傷者が出た（1968年1月17日）

大日本帝国最後の外交官

現役時代に「カミソリ」の異名をとった霞が関の高級官僚らしい慄然《りつぜん》たる表情ながらも、眼鏡の奥の眼差《まなざ》しにどことなく優しさが漂う遺影だった。

二〇一〇年一〇月一日正午すぎ、東京・日比谷公園に面する帝国ホテルの中二階、光の間。やや遅れて会場に駆けつけると、東西冷戦時代から日本の権力機構を支配してきた政・官、そして財の関係者三〇〇人ほどがウーロン茶を片手に、居ずまいをただしながら、ところ狭しと立錐《りっすい》していた。

「村田君が逝《い》って、また昭和の時代が終わったという思いだ。彼は旧制高校最後の卒業生。一五歳で終戦を迎えた」

駐タイ大使など外交官として要職を歴任した岡崎久彦《ひさひこ》がマイクを前に、遺影の主の生涯を振り返り始める。

遺影に写るのは、およそ半年前の三月一八日に享年八〇歳で他界した村田良平。日本の外務官僚機構の頂点である外務事務次官を冷戦末期に務め、クウェートに侵攻したサダム・フセインのイラクを米英両国などが駆逐《くちく》した一九九一年の湾岸戦争時に駐米大使、そしてその後、駐独大使を歴任した元大物外交官だ。

岡崎は村田と外務省で同期。日米同盟を国防の要諦《ようてい》と位置付け、歴史的な大局観をベースに戦略的な思考様式を取ることで知られる保守派論客は弁を続けた。

「村田君は国士だった。マスコミなどがつくる風潮で現役時代は言いたいことも言えず、沸々《ふつふつ》とした思いがあった。それを退官後にぶつけたのだろう」

岡崎は、同じ保守系外交官として気脈を通じ合った盟友の心情をこう忖度《そんたく》した。村田が退官後に披瀝《ひれき》した「沸々とした思い」については後ほど詳述したい。

岡崎の弔辞で始まった「村田大使をしのぶ会」には、幾人かの顔見知りが参加していた。二〇〇六年秋から〇七年秋まで首相を務め、一二年末の総選挙で再び宰相の座に君臨することになる安倍晋三《しんぞう》、前の安倍政権下で外務事務次官だった谷内《やち》正太郎、村田の後任の外務事務次官だった栗山尚一《たかかず》、スイス・ジュネーブにある軍縮会議日本政府代表部の元大使、堂之脇光朗《どうのわきみつろう》、国際原子力機関（IAEA）のあるオーストリア・ウィーンの国際機関日本政府代表部大使だった遠藤哲也……。

安倍が小泉純一郎内閣の官房副長官だった二〇〇二年、私は共同通信政治部の首相官邸詰め記者として毎朝毎晩、代々木公園からほど近い安倍の自宅に通い続けた。いわゆる「副長官番」と呼ばれる担当記者だった。

この年の秋、日本人拉致《らち》問題と並んで、安倍のライフワークともいえる北朝鮮の核問題が「再燃」した。

ここで「再燃」と書くには理由がある。この時からおよそ一〇年前の一九九〇年代に、北朝鮮の核開発疑惑が一度問題化していたからだ。九三年、旧ソ連提供の実験用黒鉛炉を使って核技術開発を進める北朝鮮が国際社会の求める核査察を拒否。米国のビル・クリントン政権は軍事的衝突も視野に朝鮮半島への米軍増派を一時検討した。このときはジミー・カーター元米大統領が訪朝し、北朝鮮最高指導者の金日成《キムイルソン》と直接会談することで軍事衝突は回避された。そして北朝鮮が核計画を凍結する代わりに、米国が日韓両国などとともに発電用の軽水炉を見返りとして提供する「米朝枠組み合意」が成立、第一次朝鮮半島核危機は封じ込められた。

しかし二〇〇二年になって、北朝鮮が禁じられたはずの核計画を密《ひそ》かに進めていたことを示す証拠を米国の諜報《ちょうほう》（インテリジェンス）機関が入手した。

クリントンに代わって登場したジョージ・W・ブッシュ政権は、金正日《キムジョンイル》体制が「ウラン濃縮」と呼ばれる方法で核技術開発を進めるため、濃縮用の遠心分離機に用いる特殊アルミニウムをロシアから調達しているとの見方を強めた。これを受け二〇〇二年一〇月、ジム・ケリー国務次官補（東アジア・太平洋担当）が平壌を訪れ、北朝鮮側に事の真偽を質《ただ》すと、金正日の片腕である姜錫柱《カンソクチュ》第一外務次官（現副首相）はこれを事実上認めてしまう。

こうして「米朝枠組み合意」は崩壊、「第二次朝鮮半島核危機」が発生し、現在のバラク・オバマ政権にとっても頭痛の種となっている。

なお、このケリー訪朝直前の九月一七日、私は安倍とともに平壌を政府専用機で訪れた。小泉首相の最初の電撃訪朝を取材するためだった。

話がやや横道にそれたが、「村田大使をしのぶ会」を岡崎とともに主催した谷内とも、取材上の縁があった。私と同じ富山育ちの谷内は、二〇〇二年の小泉訪朝後、官邸の外交政策を所管する官房副長官補の要職に就《つ》いた。その後外務事務次官に就任するが、私が外務省にある霞クラブを拠点に外交問題を取材していた〇一年は総合外交政策局の局長だった。村田が現役時代に「カミソリ」の異名をとり、部下から畏怖されていたことを教えてくれたのも谷内だった。

安倍、谷内らのほかに、「村田大使をしのぶ会」には湾岸戦争時の外相、中山太郎も列席、「湾岸戦争の際、これから〔ジョージ・H・W・〕ブッシュ大統領、〔ジェームズ・〕ベーカー国務長官と会談しようというとき、村田大使から日米同盟がいかに重要か説明を受けた」と弔辞を述べた。

私にとってこの会のクライマックスは、参加者の中でおそらく最も村田と肝胆《かんたん》相照らす間柄であったとみられる岡崎が発した次のひと言だった。

「村田君は大日本帝国を知る最後の外交官だった」

埋もれていた爆弾発言

第二次世界大戦前、米英独仏露と並ぶ「列強」のステータスを獲得しながら、稚拙《ちせつ》で無謀としか言いようのない対米開戦に踏み切り、敗戦と破滅に至る凋落《ちょうらく》の道を歩んだ大日本帝国。村田が京都大学を卒業して外務省に入省したのは、敗戦国日本がそんな帝国時代と決別した日本独立の年、つまり一九五二年だった。

私が村田を初めて取材したのは、二〇〇九年三月一八日。電話で取材を申し込んだ後、京都市中京区のマンションにある村田邸を訪れた。彼が他界するちょうど一年前の同じ日だった。何か因縁を感じる。

村田に直《じか》に聞きたかったことはほかでもなかった。私がこのときまで断続的ながら足掛け一〇年かけて調べてきた、日米間の「核持ち込みに関する密約（核密約）」に関する詳細だった。村田はこの半年前、上下二巻に及ぶ長大な回顧録『村田良平回想録　戦いに敗れし国に仕えて』（ミネルヴァ書房、二〇〇八年）を出版し、以下の注目すべき指摘を行っていた。

「〔米軍核搭載艦船の〕寄港及び領海通過には事前協議は必要でないとの秘密の了解が日米間にあったのである」（上巻、二〇七ページ）

「事前協議」とは、今から半世紀以上前の一九六〇年一月、五一年調印の旧日米安全保障条約が現在の日米安保条約に置き換えられた安保改定の際に取り決められた新たな協議制度だ。

敗戦国日本の独立と同時に結ばれた旧条約は、占領時代の名残《なごり》が色濃い、不平等性の強い条約だった。

たとえば、米軍は安保改定まで領海を含む日本の領土内に、核兵器を自由に持ち込むことができた。日本政府にいっさいの相談なく、港湾はおろか、陸上にも核兵器を配備・貯蔵することが制度的に可能だったのだ。また米軍には、日本国内の基地を足場に朝鮮半島はもちろんのこと、台湾や中国、ベトナムなどの東南アジアに直接出撃する権利も認められていた。いわば、米軍は日本の国土をあたかも自国の領土であるかのように使うことができたのだ。仮に米国が日本を拠点に敵国に攻撃を仕掛けた場合、在日米軍基地であろうがどこであろうが、日本の国土がたちどころにこの敵国の反撃対象になることは自明の理だろう。

かつての占領国と被占領国の関係とはいえ、日本は独立国が普通認めるとは思えない特権を米国に与えていたわけだ。そこで、当時の岸信介《のぶすけ》首相は旧日米安保条約の不平等性を解消しようと、安保改定にみずからの政治生命を懸けた。その甲斐《かい》あってか新条約では、①米軍の日本への配置における重要な変更、②米軍の装備における重要な変更、③日本から行われる米軍の戦闘作戦行動——を日米間の協議対象とする事前協議制度が新設されることになった。

私が追い掛けてきた核密約に関係するのは②である。

日本への核兵器の「持ち込み（英語のイントロダクション）」は、「米軍の装備における重要な変更」に該当した。このことは安保改定時点における日米間の合意事項であった。そして、その後一度たりとも「核持ち込み」をめぐる事前協議が日米間で開かれたことはなかった。

しかし冷戦時代、横須賀や佐世保といった日本の港湾には幾度となく、核兵器が確実に持ち込まれていた。そのことは、多くの日米の専門家やジャーナリストが発掘してきた米側公文書からも明らかだった。

私もそんな文書に二〇〇〇年二月、遭遇した。それは、駐ソ連大使や極東担当国務次官補を歴任したアベレル・ハリマンの膨大な個人文書群に含まれていた公文書で、米歴史家カイ・バードがハリマンの生前、本人から許可を得て複写していた。私は米首都ワシントンにあるバードの自宅に上がらせてもらい、数時間かけてこの「ハリマン・コレクション」を漁《あさ》った末、この「お宝文書」に行き着いた。

文書は「米核装備軍艦の日本港湾へのトランジット（立ち寄り）に関する大統領会議」との表題がある米政府内の記録メモで、日付はジョン・F・ケネディ政権下の一九六三年三月二六日。この中で、海軍制服組ナンバー2の海軍作戦副部長のチャールズ・グリフィン提督がケネディ大統領にこう報告している。

「一九五〇年代初期から日本に寄港した航空母艦には通常、核兵器が搭載されてきました。太平洋に展開する空母機動部隊を構成する駆逐艦や巡洋艦も同様に〔核〕装備していました」

核が日本の港や領海に持ち込まれていたのは明白だった。にもかかわらず、自民党政権下の歴代保守政権は「核の持ち込みは領海通過、寄港を含めて事前協議の対象となっている」（一九八一年五月一八日の園田直《すなお》外相の発言）などと言い張り、「事前協議の申し出が米側からない限り、いかなる核持ち込みもない」との立場を一貫して取り続けてきた。

事前協議と「核持ち込み」の説明がやや長くなったが、村田は回顧録で、米軍核搭載艦船の通過・寄港を事前協議の対象外とする日米間の「秘密の了解」、つまり密約があると明言していた。さらに「事前協議がない限り核の持ち込みはない」としてきた歴代政府の国会答弁は「虚偽」だったとまで告白していた。

外務事務次官や駐米大使といえば、日本の外交政策や日米関係をつかさどる外務官僚機構の最高峰だ。そんな要職にあった人物が「密約があった」と爆弾発言していたわけだが、回顧録は出版後、なぜかマスコミの関心を惹《ひ》きつけず、重要証言が埋もれる格好となっていた。

「核の傘」

村田を取材した二〇〇九年三月一八日に話を戻そう。

彼の自宅へ向かう際、京都駅からタクシーに乗った。さすがは名刹《めいさつ》ひしめく古《いにしえ》の都だ。古い小道に慣れたハンドル捌《さば》きを見せるタクシーの運転手は一五分ほどの道中、仏の慈悲とは何か、私に滔々《とうとう》と説いてくれた。東京からの新幹線内で回顧録をしっかり精読し、意を決する思いで臨んだインタビューの直前だったので、心のゆとりを感じることができて、ありがたかった。

元高級官僚、しかも大物外務省ＯＢということで、どんな偉ぶった人物が出てくることかと最初は身構えたが、初めて会う村田の姿には何の飾り気も感じられなかった。関西なまりが強いためか、よけいに気取ったところを感じさせない。しかも、一通りあいさつを済ますと、村田は自身の夫人が長年病気を患い、みずから懸命の介護と看病を続けていると説明した。そんな中で取材に来

京都市内で取材に応じる村田良平元外務事務次官（2009年3月18日）

た初対面の私を自宅に温かく招き入れてくれたことにまず、深いありがたみを感じた。そして当時の私自身が置かれた家庭環境が、村田のそれに重なり、心の奥底に感じるものがあった。実はこのとき、この日からちょうど一年後に来世へ旅立つ彼自身も、すでに重い病に冒《おか》されていた。

インタビューは午後一時半からで、二時間半を超えた。

いきなり核密約の話を切り出すわけにもいかない。最初は駐米大使経験などを踏まえた対米観や日米同盟論、そして米国が日本に提供してきた「核の傘」について大いに語ってもらった。

「核の傘」は専門家の間で「拡大核抑止」とも呼ばれる。難解な言い回しだが、「相手が好ましくない行為を取ることを抑止するために、核兵器を保有している国が核の持つ防衛上、政治上の効果を自国の国益のみならず、同盟国や友好国の安全保障上の利益にも拡大して役立てること」を一般的には意味する。

たとえば、ある国Aが領土問題などを抱える敵対国Bから「話し合いでの解決はこれ以上不可能。係争中の領土はわが国のものとみなし、軍事力を背景に接収する」と宣告されたとする。核兵器を保有しないA国はかねてから同盟関係にある核保有国C国に援助を要請、これを受けC国が核戦力を背景にB国に対し「同盟国Aを侵略した場合、わが国への敵対行為とみなし、あらゆる手段を使って報復する」との警告を発する。B国は「あらゆる手段」にC国の核戦力が含まれると解釈し、「核攻撃だけは御免こうむりたい」と引き下がる——。

これは「核の脅し」に根ざした拡大効果、つまり「核の傘」が敵対国を屈服させ、同盟国の利益を守った典型例の一つだ。一九九〇年の夏にクウェートに侵攻し、化学兵器を使う恐れのあったイラクのタラキ・アジズ外相に対し、ベーカー国務長官が「もし貴国がわが軍に対して化学兵器や生物兵器を使用したら、アメリカ国民は報復を要求しますし、私たちも実行できる準備をしています。これは脅しでなく、公約です」と核報復をちらつかせた湾岸戦争も、同盟国防衛のために「核の脅し」を使った具体例として挙げられる（ジェームズ・A・ベーカーIII『シャトル外交　激動の四年』新潮文庫、一九九七年、下巻、三七ページ）。

肝心の村田の証言だが、まず彼の対米観を伝える証言を紹介したい。

「〔第二次世界大戦後の〕米国の大きい狙いの一つは、もはや日本という国が軍事的にはもちろんのこと、国際的にも全く意味のないというか無難な〔国にしておいて、一方で〕日本は人口のサイズがあるから、経済的な活動、主権国家として最低限の政治的活動をやらせようと。しかし、首根っこは押さえておくということを〔米国は〕戦争中から考えていたと思われる……日本を米国の思うままにできるような国にしようと。そのためには軍備をとにかく持たさないという議論を少なくとも〔戦後の〕最初の二年間は〔推進した〕。それから東京裁判によって、日本人に罪の意識を植え付けるということをやったんですよね」

村田の語りぶりはじつに直截《ちょくせつ》でやや毒気もあるが、軍国ファシズムが暴走した旧大日本帝国の「首根っこを押さえておく」ことに米国の対日占領政策の主眼があったとの見方は、多くの日本人が共有するところだろう。彼はこうも力説した。

「最初の日米安全保障条約は完全に占領を継続するための条約ですからね。あれは日本を防衛することすら義務になっていないわけですから。〔米軍は日本に〕基地をそのまま持っている、ちょっと減らしたでしょうけど。ただ、いくら何でもこれはひどすぎると。NATO（北大西洋条約機構）はマルチ（多国間）でこっちはバイ（二国間）だけど、それにしたって米国はドイツを守る義務も持つわけですよね。だから『それと同じようにしろ』と岸さんが言ったら、できたのが改定安保〔条約〕」

当初の日米安保体制が戦後占領の延長線上にあったとの認識が示されている。そして同盟国として欧州並みの扱いを求める岸信介首相の強い政治的意思を背景に、事前協議制度や米国の対日防衛義務を盛り込んだ安保改定が実現していった経緯を、村田は説明している。

第二次世界大戦後の混乱、そして冷戦の先鋭化という国際環境の変化に伴い、みずからの国益と自身が描く国際戦略を最大限実現しようとした米国の対外政策のリアリズムを、村田は自分なりの保守的な視座から透徹《とうてつ》していた。そして彼の言葉の端々からは、けっして反米ではないが米国への強い猜疑心《さいぎしん》、つまり嫌米に近い「疑米」の意識が伝わってきた。

口約束

日米安保体制の根幹である「核の傘」についても、村田は彼なりの「疑米」精神をあらわにした。インタビューでの私とのやり取りを紹介したい。

——回顧録（『村田良平回想録』下巻）の一三章で核の話をされている。「米国の核の傘は明文の形で日本に保証されたわけでもないし、米国には少なくとも、ロシア、中国と事をかまえる場合、日本にかかる保証を与える用意は、そもそも持っていないことは明らかだ」と、「核の傘」の信頼性について厳しい評価をされている。

一九六五年の佐藤首相とジョンソン大統領の会談で「中国の攻撃があったら、日本を守ってほしい」と佐藤が頼む。そして七五年の三木首相とフォード大統領の共同新聞発表になる。日本の外務省は今もここに依拠して「核の傘」の有効性を主張している。

しかし、村田大使は「核の傘」は単なる米国の「口約束」とお考えか？

村田　その場だけのね、その場だけの。紙に書いてあっても、そんなものは信用できませんよ。外交文書ってものは、条約ですら。国際政治というのはそんなものだというのが、私の哲学だ……

ある時期まで中国は米国の大陸まで届くミサイルを持っていなかった。それまでは米国の抑止力は確かにありましたよ。米ソのアレンジメントによって世界は二分されていた……しかし〔今は中国の核戦力が〕米国にとって現実の脅威くらいにはなっている。〔現在の〕「米対中」は〔冷戦時代の〕「米対ソ」と似たような格好でバランスが存在している。そのことが日本という国の動きによって動かされるものではない。

米国の「核の傘」は日本防衛の要諦《ようてい》――これが長年の日本の安全保障政策の前提だ。

一九六四年一〇月に中国が初の核実験を強行したことを受け、佐藤栄作は六五年一月の日米首脳会談で「核の傘」の確約をリンドン・B・ジョンソン大統領に求め、これを口頭で約束されている。また「クリーン」「ハト派」のイメージがある三木武夫首相だが、七五年八月六日の「原爆忌」にジェラルド・フォード大統領とワシントンで行った日米共同新聞発表には、「〔両首脳は〕米国の核抑止力は、日本の安全に対し重要な寄与を行うものであることを認識した」の文言がある。「核の傘」で同盟国日本を守るという米国の明確な意思表示だった。

こうして日米間の頂上外交によって確認されてきた「核の傘」なのに、かつて外交・安保政策の中枢にいた村田は、そうした米国の対日公約をその場しのぎの「口約束」だとあっさり切り捨てた。さらにインタビューのやり取りを続けよう。

――〔フランスの核開発を進めた大統領〕ド・ゴールが「〔米国は〕パリのためにロサンゼルスやニ

ューヨークを犠牲にできるのか」と言っていたが？

村田　それはド・ゴールの言うとおりだと思う。

——在任中からそう考えていたのか。

村田　秘密の会議ではそういうことを主張していました……核の保証も、へちまもないわけです……NATOにおいてはドイツ以下五つの国に「いざというときには戦術核兵器をこれだけは使えるよ」ということで、核の管理権は米国が持っているけど、現実にはドイツが〔米国の核弾頭を使って〕ソ連の戦車部隊を撃ってもいいというアレンジメントはできていたんですね。本当言えば、日本にも、それくらいは与えるべきだったんです……ある種の抑止力としてね、中国なり朝鮮半島で北と南が再び戦争になった場合に使えるというものを米国が日本に与えていれば……。

NATO軍事機構からの脱退や独自核武装の強化など、一九六〇年代にフランスの独自路線を進めたシャルル・ド・ゴール。フランス核戦略の中心的論客、ピエール・ガロワの影響も受けたド・ゴールは、「米大統領は本当にボンのためにシカゴを、パリのためにニューヨークを犠牲にできるのか」と、「核の傘」が内包する矛盾を公然と訴えたことで有名だ。

この矛盾の背景には、一九五七年のソ連による人工衛星スプートニクの打ち上げ成功という、西側にとってはショッキングな出来事があった。人工衛星を軌道に乗せるミサイル発射能力を獲得したソ連は、核弾頭をミサイルに乗せて米本土を攻撃射程に収めることも夢ではなくなった。したがって、仮に欧州で東西間の戦端が開かれても、シカゴやニューヨークに対するソ連の核ミサイル報復を恐れる米国はそうやすやすと欧州でソ連と事を構えられなくなる。つまり「核の傘」は絵に描いた餅になりかねない――これがド・ゴールの危惧《きぐ》したところだったわけだ。

なお、ガロワは代表作『恐怖の均衡』の中でこう論じている。

「米国自身がソ連の弾道ミサイル〔攻撃〕に脆弱な立場にある以上、米国が自動的に〔欧州の〕紛争に介入することは、より不確かなものになる……別の国のために介入すること、それがたとえ友好国であっても介入を躊躇する傾向が特に高まるだろう。なぜなら核戦略の法則上、そうした介入は好ましくないからだ」(Pierre M. Gallois, *The Balance of Terror: Strategy for the Nuclear Age*, Houghton Mifflin, 1961, pp.139-140)

中国の核増強を懸念する村田が抱く「核の傘」への根深い猜疑心は、ド・ゴールやガロワに通じていた。そして村田は、NATO諸国が「核の傘」に対する疑念を解消するために取っている「核共有(ニュークリア・シェアリング)」方式を日本にも適用する必要性にまで言及した。この米欧間の「核共有」は冷戦後の現代にまで続いている。米国は現在もドイツやベルギー、イタリア、オランダ、トルコのNATO加盟五ヵ国に一五〇〜二〇〇発の核爆弾を配備、いざ有事になれば、五ヵ国が保有する戦闘機F16やトーネードでこれらの核爆弾を使用することが想定されている(Robert S. Norris and Hans M. Kristensen, "US Tactical Nuclear Weapons in Europe, 2011," *Bulletin of the Atomic Scientists*, January/February 2011)。

なお村田は、このNATO方式をそのまま日本に当てはめるのではなく、日米両国が核を搭載した潜水艦五隻を共同運航するという具体的な運用方法を提案した。そして「万一の場合は中国に耐えられないほどの打撃を日本が与える」と語り、日本がみずから対中核抑止力を持つ必要性を強調してみせた。

村田はまた、こうも付け加えた。

「その後の日本人の核というものに対する考え方も変わったし、物事の成り行きもすっかり変わったと思うのですが、もともとそんなものを米国があまりやりたくない気持ちがあるのにもってきて、日本のほうも核アレルギーというまったく無意味なものがあるんですよね」

米国がやりたがらない「そんなもの」とは日本との核共有のことを指す。米国には日本をNATO並みに扱うつもりはないし、そもそも核共有などはヒロシマ、ナガサキ、そしてビキニを体験した日本の世論が許すはずがなかったというのが村田の見立てだ。

それにしても、日本国民の反核感情を意味する「核アレルギー」を「まったく無意味なもの」と喝破《かっぱ》するあたりは、保守派論客の本領発揮だろう。「村田大使をしのぶ会」で盟友の岡崎が「沸々とした思い」と表現した村田の本音が垣間《かいま》見られる。

NCND

村田はこうして、核兵器に対するみずからの考え方や、疑心に満ちた対米観を熱心に語った。村田の本音が発言の随所に表れ始め、インタビューが佳境に入り始めたと感じた私はいよいよ、本論の核密約についての質問を徐々にぶつけていった。

まず村田が回顧録で、「『安保条約で事前協議制度があり、米国が協議して来ない以上持ち込みは行われていません』との政府答弁は寄港、領海通行、領空については明らかに国民に虚偽を述べたと言わざるをえない」（上巻、二〇七ページ）と書いている点を指摘してみた。

すると村田は、「だから僕は外務省から厳しく非難された。そこまで書くのは書きすぎではないかと」と言明。さらに「〔米軍核搭載艦船の通過・寄港は〕そもそも事前協議の対象とすべきものではない」と断言した。回顧録で核密約に言及したことが、自身の後輩たちから強い反発を招いたのだ。本章の冒頭に紹介した「村田大使をしのぶ会」で、現役外務官僚の姿をごく少数しか見かけなかったのは、このためだったのかもしれない。

米軍部は一九五八年から一貫して、「核兵器を構成する核コンポーネントの存在については肯定も否定もしない」という「NCND（Neither Confirm Nor Deny）」政策を取ってきた。「核コンポーネント」とは、核分裂反応によって核爆発を引き起こす核分裂性物質（プルトニウムや高濃縮ウラン）を内蔵した核爆弾の中核部分（コア）のことだ。米国内法の原子力法の定めによって、核兵器の「設計、製造と利用」に関するデータは非公開扱いとされた。そして、この「利用」データの中に核兵器の所在が含まれるとの解釈を米海軍が採用し、後にこれが米政府全体の解釈となる（Hans Kristensen, *The Neither Confirm Nor Deny Policy: Nuclear Diplomacy At Work*, a working paper of Federation of American Scientists, February 2006; 外務省有識者委員会『いわゆる「密約」問題に関する有識者委員会報告書』、二〇一〇年三月九日、外務省）。

ＮＣＤ政策がある限り、日本の国是である「非核三原則（核を持たず、つくらず、持ち込ませず）」のうち、核搭載艦船による「持ち込ませず」は反故《ほご》にならざるを得ない。なぜならＮＣＤ政策があるため、米軍が艦船上に核があるか否かを日本側に伝えることなど論理上あり得ないからだ。逆に日本が「核を積んでいますか」と問い合わせても、米側がＮＣＤを盾に「肯定も否定もしない」ことは明白。だから核搭載艦船の通過・寄港を事前協議の対象にすること自体がナンセンス――これが村田の論旨明快な主張だった。

Ｒ・Ｄ

このインタビュー当時、核密約の存在自体が依然「秘密扱い」となっており、公務員をとうに辞めたとはいえ、外務省ＯＢが「職務上知った秘密」を暴露すれば、国家公務員法上の守秘義務違反に問われる。村田はそんなことを百も承知だったに違いない。それでも村田は打てば響くように反応する。私は米国ですでに開示されたある物証を見せることで、より具体的な証言を引き出そうと試みた。

その物証とは、外務官僚の間で「R・D」と呼ばれる英文の「機密討論記録」の草案だ。この草案は当時、米首都ワシントンの郊外にある米国立公文書館（メリーランド州カレッジパーク）で開示されていた。村田に見せようと私が用意したのは、安保改定前年の一九五九年に作成されたこの草案だった。

このインタビューから一年後の二〇一〇年三月九日、民主党政権が設置した外務省有識者委員会の調査報告書が公表されるが、そこでもこの「機密討論記録」（有識者委員会は「討議の記録」と表現）が公開された。外務省内で長年保管され、新日米安保条約が調印される直前の一九六〇年一月六日に藤山愛一郎外相とダグラス・マッカーサー二世駐日米大使のイニシャル署名がなされる直前のものだった。その中身は私が村田に見せた草案と同じだった。そこには、こう書かれている。

秘密（Confidential）

相互協力および安全保障条約
討論記録

東京、一九六〇年一月六日

第1項．一九六〇年一月一九日に署名される、日米相互協力および安全保障条約第六条の実施に関する交換公文について申し述べる。本文は次のとおり。

「合衆国軍隊の日本国への配置における重要な変更、同軍隊の装備における重要な変更ならびに日本国から行われる戦闘作戦行動（前記の条約第五条の規定に基づいて行われるものを除く）のための基地としての日本国内の施設および区域の使用は、日本国政府との事前協議の主題とする」

第2項．同公文は、以下の点を考慮し、了解のうえ作成された。

a．「同軍隊の装備における重要な変更」は、中・長距離ミサイルなど核兵器の日本への持ち込み（introduction）、ならびにそうした兵器のための基地建設を意味すると理解される。たとえば、核コンポーネントのない短距離ミサイルなど非核兵器の持ち込みは意味しない。

b．「戦闘作戦行動」は、日本国から日本国以外の地域に対して行われるであろう戦闘作戦行動を意味すると理解される。

c．「事前協議」は、合衆国軍隊の日本国への配置における重要な変更の場合を除き、合衆国軍隊とその装備の日本国への配置に関する現行の手続き、ならびに合衆国軍用機の飛来や合衆国海軍艦船による日本国領海および同港湾への進入に関する現行の手続きに影響を与えると解釈されない。

d．交換公文のいかなる点も、合衆国軍隊の部隊ならびにその装備の日本国からの移動については「事前協議」を必要とするとは解釈されない。（Treaty of Mutual Cooperation and Security, Record of Discussion, Tokyo, January 6, 1960, Confidential;「核兵器の持ち込みに関する事前協議の件」＝一九六三年四月一三日付外務省開示文書に添付）

英語の原文を翻訳したものなので、いささか難解な文章かもしれない。要は「(米)軍隊の装備における重要な変更」が安保改定に伴い事前協議の対象となり、その中に「核兵器の日本への持ち込み(introduction)」が含まれると書いてある。

そして「c.」に注目していただきたいが、「合衆国軍用機の飛来や合衆国海軍艦船による日本国領海および同港湾への進入に関する現行の手続きに影響を与えると解釈されない」の意味するところは、安保改定以前から米軍用機や米海軍艦船が行ってきた「現行の手続き」、つまり以前から行っている飛行機、艦船のオペレーションには、事前協議が適用されないということだ。

安保改定以前の旧日米安保条約では、米軍が日本に核兵器を持ち込むことに何の制約もなかった。横須賀や佐世保にある米軍港への核搭載艦船の寄港はもちろんのこと、日本国内の米軍基地に核爆弾や核ミサイルを陸揚げすることにも、米軍に完全なフリーハンドが与えられていたのだ。現に、米海軍の核搭載空母オリスカニが朝鮮戦争の休戦協定締結直後の一九五三年秋に初めて横須賀に寄港したのを手始めに、五〇~六〇年代にかけて核搭載艦船の日本寄港が常態化していった(太田昌克『「核の傘」の構築をめぐる歴史的分析　同盟管理政策としての核密約』政策研究大学院大学提出博士論文、二〇一〇年、第3章)。

一九六三年二月一五日付のエドウィン・ライシャワー駐日米大使がディーン・ラスク国務長官にあてた米側機密公電にも、こうはっきり明記されている。

「〔核巡航ミサイル〕レギュラスを搭載した通常型潜水艦が定期的に日本を訪れている」

なお外務省が日米密約調査に伴い、二〇一〇年三月に関連文書を開示した際、「R・D」の本文そのものは同省内に存在せず、すでに消失していることが明らかになった。いずれかの時点で意図的な文書破棄が行われたのか。そうであったとしたら、決して許されることではない。

度肝抜く証言

この「機密討論記録」、すなわち「R・D」の草案を私から見せられた村田は、「〔核は〕船の中に積んでいる限りは見えませんから、事前協議というのは意味がない」「横須賀に軍艦が一〇隻行くとしたら、そのうちの二、三隻にはね、核兵器が積んであるだろうと推定するほうが常識的なんです」「外務省の条約局（筆者註・現国際法局）の頭のいい奴が屁理屈《へりくつ》を考えて、もっともらしく答弁をしているのを横で見ていましてね。幸い自分はそういう立場に置かれなかったから、ウソをつかなくて幸福だった」などと矢継ぎ早に言葉を続けた。

そこで私は、回顧録で指摘のあった「秘密の了解」について「文書で何かをご覧になったことはないのか。機密討論記録のような英語の文書は」と質問すると、村田はこう答えた。

「ありません。ないですけどね……歴代の事務次官は必ず引き継ぎのときに、核に関しては日米間でこういう了解がある、ということを前任者から聞いて、それをまあメモしておいて、次の次官にですよ、『これはこうだよ』と引き継ぐという格好。これは書かないでくださいね……これは大秘密だった」

度肝を抜く証言だった。「R・D」を見たか否かはともかく、密約内容を記した「メモ」が外務省に残されており、それを歴代次官が引き継いでいた点を明々白々に語ったからだった。しかも、そうした省内手続きが「大秘密だった」とまで言い切っている。私はさらに畳み掛けた。

——核を積んで入ってきている船は対象外、ということか？

村田　そうそう。

——あるいは飛行機に積んでくるものも？

村田　まあ、そうですね。

——これは「現行の手続き」に当たるから事前協議の対象にはならない？

村田　ならないということは、もう始めから了解されていると、六〇年にね。

——六〇年に了解されている？

村田　うん。だからずっと、ウソついていると私は書けるんですよ、自信をもって。

——後任の栗山尚一外務事務次官にも引き継いだ？

村田　ええ。そのことはまったく口で覚えているわけではないから、そういうことを字にした、タイプすらしてないメモ書き的な紙というのがあったし、私はそれを読みました。

——誰が書いたのか？

村田　それは定かではない……それは覚えておりません。

——六〇年のころからか？

村田　そりゃ誰かが書き足したかもしれませんし。

——手書きで？

村田　手書き。

——歴代事務次官がそれをずっと見ている。今も引き継がれているのか？

村田　さあそれはどうでしょうかな、この問題は世間がほとんど関心をもってないから。その引き継ぎも、やめちゃっているかもしれない。僕らのころにはね、まだ冷たい戦争が続いていた時代ですから、核というのが現実の問題として国会でいろいろ質問されたわけですよね。今は核に関する質問などないじゃないですか。

——紙で書いて引き継がれていた。核を積んだ船や飛行機を事前協議の対象にしないということは裏返せば、同盟のアレンジメントの問題。日本を攻撃するかもしれない潜在敵国への抑止力として必要だという認識で引き継いだのか？

村田　米側としてはそういう説明をしたと思いますし、日本側は納得したと思う。

——なぜこのアレンジメントが必要と考えたのか。またどう認識されていたのか？

村田　今おっしゃったような認識を持っていました。つまり核の持っている秘密性というのは抑止力の重要な一構成要素ですから。

――核があるかないか、ということか？

村田　持っているか持ってないかということはね。だからそのことをぼやかすというのは、正しいと。

――それが抑止力を高めると？

村田　そもそも核戦略というのはそういうものですから。非核三原則の最後に「持ち込ませない」というところを、「つくらない」「持たない」に加えて入れたことが間違いというふうに考えたし、僕の意見は正しいと思う。

長くなったが、取材メモをほとんどそのまま転載した。村田が回顧録の記述を凌駕《りょうが》する具体的証言を行っていることが、お分かりいただけると思う。

村田証言のうち、核密約の存在を立証するうえできわめて重要なのは、以下のポイントだろう。

①外務省内に核密約の内容を明記した「メモ」が存在した

②それは歴代の外務事務次官が所掌、引き継いでいた

③米軍核搭載艦船と同様、核搭載した米軍用機の日本への一時飛来も事前協議の対象外だった

④こうしたことは外務省内で「大秘密」だった

ただ、村田は右記証言を行うに当たり、「これは書かないでくださいね」とやんわり前置きをした。つまりマスコミ取材で言うところの、活字化してはならない「オフレコ」証言だった。

インタビューを終えて帰りの新幹線に飛び乗った私の脳裏には、いろんな考えや複雑な思いが去来した。村田証言から、核密約の存在がはっきりし、それを隠蔽《いんぺい》してきた組織性も明らかになった。核密約が外務官僚機構の上層部で管理されてきたからくりもある程度暴露された。

「なるほど、そういうことだったのか……」

東京やワシントンでの記者生活を通じて、足掛け一〇年がかりで取材や公文書調査を行ってきた核密約問題。ついに重要証言を行う日本側関係者が現れたことに、感慨もひとしおだった。村田はちょうどこの取材の一年後に急逝する。今思えば、証言は気骨ある外交官の「遺言」だったのだろう。

しかし問題は「オフレコ」の制約だった。京都に足繁《あししげ》く通えば「オフレコ」を「オンレコ」に、ないしは匿名で証言内容を扱う「バックグラウンド」に切り替えてくれるのではないだろうか、とも考えた。一方で病身でありながら、けなげに夫人の看病を行う村田の心中を慮《おもんぱか》る気持ちも私には強かった。

「いずれにせよ、証言内容を何らかの形で活字化しなくてはならないな」

東京に戻ったころにはそんな結論に行き着いていた。またジャーナリストである以上、外務官僚機構のトップを務めた人物の「遺言」を聞いたからには、自分だけの胸の内にとどめておくこともとうていできなかった。

私は「オフレコ」解除を目指し、さらなる取材を進めることを心に決めた。

日米密約問題で有識者委員会の報告を受け、核持ち込みなど３密約認定の記者会見に臨む岡田克也外相。右端は有識者委員会の北岡伸一座長（2010年３月９日）

第２章

暴かれた「国家のうそ」

——二〇〇九年七月二三日

2009.07.23

キーマン

真っ黒に日焼けした精悍《せいかん》な顔つきが印象的だった。二〇〇九年七月二三日、時計の針は午後五時を回っていた。東京都千代田区永田町の衆議院第一議員会館四四三号室。

民主党幹事長、岡田克也はやや約束の時間に遅れて自室に到着した。地方の遊説先から都内に戻ったばかりだという。八月三〇日の総選挙が間近に迫り、政権奪取を狙う野党の選挙対策の責任者には一分一秒が惜しかったに違いない。私はこのときが岡田との初対面だったが、自己紹介や時候のあいさつという社交辞令はほとんどない。名刺を交わして本論に入るまで、ものの三〇秒にも満たなかった。

正直、面食らった。普通の政治家ならたいがい、「これまではどこの記者クラブにおられたのですか」「何がご専門の記者さんですか」「共同通信なら外国での勤務経験がございますか」「そうですか、ワシントンの特派員をされておられたのか」などと、通り一遍《いっぺん》のことを聞くものである。岡田にはそれが皆無だった。「堅物《かたぶつ》」「愛想がない」「律義」「生真面目」「原理主義者」……。いろんな言い方で岡田の人柄が表現されるが、私自身、まさにそうした〝岡田イズム〟の洗礼を受けた思いだった。

歴史的な政権選択選挙を目前に選挙遊説で忙しい野党幹事長に、貴重な時間を割《さ》いてもらったのはほかでもなかった。前章で詳述した村田証言に端を発した日米核密約の問題だった。政界でもとりわけ核問題に精通していることで知られる岡田。民主党が政権を取った暁《あかつき》には、密約問題のみならず、さまざまな核政策で彼がキーマンになることは疑いなかった。しかも現職の幹事長である。「核」をテーマに、来《きた》る民主党政権の本音を引き出したかった。

岡田へのインタビューを行った時点で、すでに核密約問題が日本の新聞紙面をにぎわせていた。あとで触れるが、村田証言をベースに他の外務事務次官経験者への取材を続けた私は二〇〇九年五月三一日、村田ら四人の元外務事務次官が核密約に関して行った具体的な証言内容を報じていた。このときは匿名を強く希望する村田らの要請で証言者の実名を伏せたが、それでも十分インパクトのある記事だった。

何せ、これまで一貫して「核の持ち込みをめぐる密約はない」としてきた歴代自民党政権の国会答弁を根底から覆す内容だったからだ。四次官の証言内容をまとめた記事は、東京新聞をはじめ共同通信に加盟する二〇の新聞が一面トップで掲載してくれた。

こうやって「国家のうそ」が暴かれていくタイミングで、岡田へのインタビューが行われた。ご承知のとおり、インタビューから一ヵ月後の二〇〇九年八月三〇日の衆議院選挙で民主党は歴史的な大勝を収め、戦後長らく日本を支配してきた自民党を権力の座から引きずり下ろした。そして岡田は鳩山由紀夫政権の外相に就任する。無愛想なキーマンとのこのときの邂逅《かいこう》がきっかけとなって、岡田と私はその後も核をめぐるいくつかの局面で交錯することになる。

大臣命令

さて四〇分近いインタビューの中で、岡田は核密約問題をめぐり、いくつか決定的なことを口にした。

私はまず、村田ら外務次官経験者の証言が報じられたこと自体について、率直な感想を聞いてみた。岡田はこう答えた。

「外務事務次官OBがいろいろ語っているということが、政治家に決断を迫っていることと受け止めた。現職の官僚が核密約の存在を認めることは職責上、無理だと思う。国会で聞かれれば先輩の答弁を踏襲せざるを得ない。それを変えられるのは外相、首相でしかない。『ここは政治家の責任でやってください』というふうにも受け止めた」

じつに歯切れのいい応答である。

政治主導——。言わずと知れた民主党のキャッチフレーズだ。下からの積み上げ式ともいえる官僚主導の政策決定を打破し、市民から信託を直接得た政治家が政策決定を主体的に行う。民主党の中枢にいる岡田が核密約問題を、自分らが思い描く「政治主導」の枠組みで解決しようとしていることが、この発言から読み取れた。

「艦船の通過・寄港を含め、核の持ち込みはない」という、一度ついてしまったうそを官僚たちはつき通さなければならない。なぜなら行政の継続性と先例主義を重んじる官僚の立場上、国権の最高機関である国会で積み上げてきた「先輩の答弁」、つまり歴代内閣の国会答弁を簡単にひっくり返すことができないからだ。通商産業省（現経済産業省）出身である岡田みずからがかつて体験した「官僚の論理」ゆえに、密約解明は「政治主導」以外にあり得ない――こうした政治家岡田の持論が展開されている。

さらに私が「政権を取ったら、どう真相究明を進めるか」と尋ねると、岡田はこう答えた。

「まず『密約をちゃんと出せ』と外相が言わなければならない。これで〈外務官僚が密約を〉出さなければ職務命令違反になる……必要があれば、省の外に〈調査機関を〉作って徹底的に〈関係文書を〉調べなければならない。外務省の中だけに任せてできないのであれば。やはり外相が事務次官にきちんと出すよう命令すべきだ」

岡田が言わんとしたのは、政治家である外相による外務省事務方に対する密約調査の「大臣命令」の発出だった。外務官僚が過去の答弁を踏襲せざるを得ない以上、政治家として省トップに君臨する外相が法的手続きに基づく強制的な措置を取るという意思の表れだった。

さらに岡田は、密約関連文書の存否について「〈文書破棄の〉事実があれば論外。私は破棄していないと思っている。どこかにあると思う。保存義務があるものを破棄したとしたら、ルール違反だ」と、確信めいた口調で断言した。まるで文書が外務省内に存在している事実をすでに知っているかのような言いぶりだったことを、私は今も鮮明に覚えている。

岡田はこれから約二ヵ月後の九月一六日、鳩山内閣の外相に就任する。そして私とのインタビューで明言したとおりのことを実行した。それは国家行政組織法に基づく藪中三十二《やぶなかみとじ》外務事務次官に対する「大臣命令」だった。

しかも「大臣命令」による調査対象は、核密約だけではなく、一九六九年一一月の日米首脳会談で結ばれた「沖縄への核再持ち込みの密約（沖縄核密約）」や、朝鮮半島有事における在日米軍の出撃を事前協議の対象外とする六〇年の「朝鮮密約」などの調査も命じる〝おまけ付き〟だった。

「じゅうたん爆撃」

ここでいったん、時計の針を村田への最初の取材を行った二〇〇九年三月に戻したい。

核密約の内容を記した手書きの「メモ」が外務省内に存在し、歴代の外務事務次官がそれを引き継いできたという、オフレコの村田証言を何とか活字化したいと思った私は、とりあえずインタビューの録音テープのメモ起こしを進めながら、密約解明のための「次なる行動」を取ることに決めた。

それは、歴代の外務事務次官を洗い出し、われわれ新聞記者仲間がよく口にする「じゅうたん爆撃」取材を行うことだった。可能性のある取材対象者をしらみつぶしにピックアップし、とにかく地道にインタビューを試みる取材手法である。

この時点で存命中の次官経験者は、村田と現職外務次官の藪中を含め計一三人だった。村田の二代前の次官である松永信雄《のぶお》は、外務省関係者によると、すでに証言できる能力がなかった。よって、さらなる証言を引き出せる可能性がある次官経験者は一一人だった。

ただ、この時点で政府の公職に就《つ》いており、自由に証言できる立場にあると考えにくい次官経験者が藪中はじめ計三人。さらに、国外に生活拠点を置く次官経験者が一人、住所が割り出せない次官経験者が一人おり、当面の取材を六人の元次官に絞り込むことにした。

まず村田の前任者である柳谷《やなぎや》謙介に電話で取材を申し込んだが、結果はけんもほろろだった。村田の証言内容を簡単に電話口で説明したが、いかにも気乗りしない口ぶりで、基本的に「知らない」の一点張りだった。

それでもとりあえず面会することで事態が打開できないか。電話取材では後ろ向きの態度しか示さない取材対象が、顔を合わせたら意外にも真相を語り始めるというスリリングな展開がたまにある。こうも考えたが、柳谷は会って取材に応じる素振《そぶ》りをまったく示さなかった。とにかく硬い。心の中全体が暗い気持ちに襲われた。

「国家のうそ」を究明する難しさを、あらためて思い知らされる電話でのやり取りだった。やはり村田証言を客観的に立証するのは相当困難な作業だ――私はこう実感しながら、とりあえず「じゅうたん爆撃」に乗り出した。

密約との〝出会い〟

話はこのときから一〇年前にさかのぼる。私と核密約の最初の〝出会い〟は一九九九年の七月だった。九州大学で国際政治学を教えていた同大教授の菅英輝《かんひでき》（その後西南女学院大教授に転出）からかかってきた一本の電話が、すべての始まりだった。

「おもしろい文書を米公文書館で見つけました」。解禁されたばかりの大量の米公文書を紐解《ひもと》きながら、東西冷戦史の先駆的研究を続けてきた菅のこのひと言は刺激的だった。彼からは以前も、「非核三原則」の表明とノーベル平和賞受賞で知られる佐藤栄作首相が一九六五年一月の日米首脳会談でジョンソン大統領に「個人的には、共産中国が核を持つなら日本も持つべきだと考える」と発言していたことを明記した米公文書の提供を受け、それを新聞記事にさせてもらったことがあった（太田昌克『盟約の闇「核の傘」と日米同盟』日本評論社、二〇〇四年、二〇七ページ）。

私は一九九九年当時、四国の高松支局の記者だった。菅から電話をもらい、上司の出張許可を得てさっそく取材に行った。すると菅は、一九六三年四月四日付でライシャワー駐日米大使がディーン・ラスク国務長官に送った秘密公電のコピーを私に見せてくれた。

印象的なのは「EYES ONLY」のスタンプが押されていることだった。つまり、あまりに機密性が高いので複製を作ることはまかりならず、公電に接することができる者は「見ることだけ」を許されるといういそうな代物だった。

そして公電には恐るべきことが書かれていた。

「私は四月四日の朝食時、人目に付かないよう大使公邸で大平〔外相〕と会い、参照公電に示した問題提起を彼に行った。米艦船上の核兵器の存在をめぐる具体的な問題には言及しないまま、またコメントを求められることがないまま、機密討論記録の解釈に関し、現行の米側解釈に全面的に沿う形で彼との間で完全な相互理解に達した。米側解釈と機密討論記録の存在そのものの双方が、大平にとって明白なニュースだった」（Telegram 2335, from Reischauer to Rusk, April 4, 1963, Secret, RG59, National Archives in College Park = NACP. この公電は米シンクタンク「ノーチラス研究所」のウェブサイトでも公開されている）

この書き出しで始まる公電には、前章で全訳を紹介した「R・D」すなわち「機密討論記録」をめぐり、ライシャワーと大平正芳《まさよし》が解釈を擦《す》り合わせた朝食会談の経緯が事細《ことこま》かに記されていた。

ライシャワーは会談で大平に対し、日本語の「持ち込み」、つまり英語でいうところの「イントロダクション」とはあくまで核兵器を日本の「陸に設置する、ないしは据え付ける」ことだと説明。しかも敵対するソ連に戦略的な利益を与えないために、米国は艦船上に核兵器があるかないかを対外的に説明しない「肯定も否定もしない（ＮＣＮＤ）政策」を取っている点を強調した。

さらにライシャワーは、大平や防衛庁長官の志賀健次郎が国会で行った「米軍は核装備艦船を寄港させていない」「核搭載艦船の寄港は認めない」などの答弁が、こうした米側解釈から逸脱している点を指摘し、「機密討論記録」の重要箇所を見せながら、大平に米側解釈の履行を促した。大平は「R・D」の存在自体を知らなかったが、盟友ライシャワーの説明を受け入れ、以降は国会答弁はじめ対外説明に気を付けていく旨表明している。

こんなやり取りを記した一九六三年四月四日付のライシャワー秘密公電は、それまでの自民党政権が繰り返してきた虚偽答弁を覆す、破壊的な威力を持っていた。

しかも公電は「機密討論記録」の存在を明記している。やはり紙の上に落とされた、「核持ち込み」をめぐる日米密約は実在するのだ。

菅からこの公電を見せられ、新聞記事にした私はそれから二〇日後に渡米、フルブライト留学生として一年間、米ワシントン郊外のメリーランド大学で学究生活を送る。そしてキャンパスから車でわずか二分の米国立公文書館に連日通い、核密約をめぐる米秘密文書の収集や一九六〇〜七〇年代の米側政府関係者へのインタビューを精力的に行った。

人生の中では、不思議な縁や絶妙のタイミングというものが期せずして訪れるものだ。くしくも、メリーランドへの留学の直前に菅が与えてくれた密約との〝出会い〟もそんな一つだった。

オフレコ解除目指す

こんな〝出会い〟の後、核密約をめぐる調査・取材は断続的に一〇年間続いた。そしてワシントン特派員だった二〇〇四年には『盟約の闇』を出版し、一定の結論を導き出したつもりだった。一〇万ページを優に超える米公文書の調査や米側関係者へのインタビューから得た、その結論とは以下のようなものだった。

一九六〇年の安保改定時点で日米両政府が「機密討論記録」を交わしたものの、核搭載艦船の通過・寄港の取り扱いに関しては詰めたやり取りを行わず、あいまいなまま、日本側は改定以前から通過・寄港を続けていた米側の動きを黙認する格好となり、六三年四月の「大平－ライシャワー秘密会談」で米側解釈が明示的に確認されていくことで核密約が段階的に形成されていった――（太田『盟約の闇』第2章）

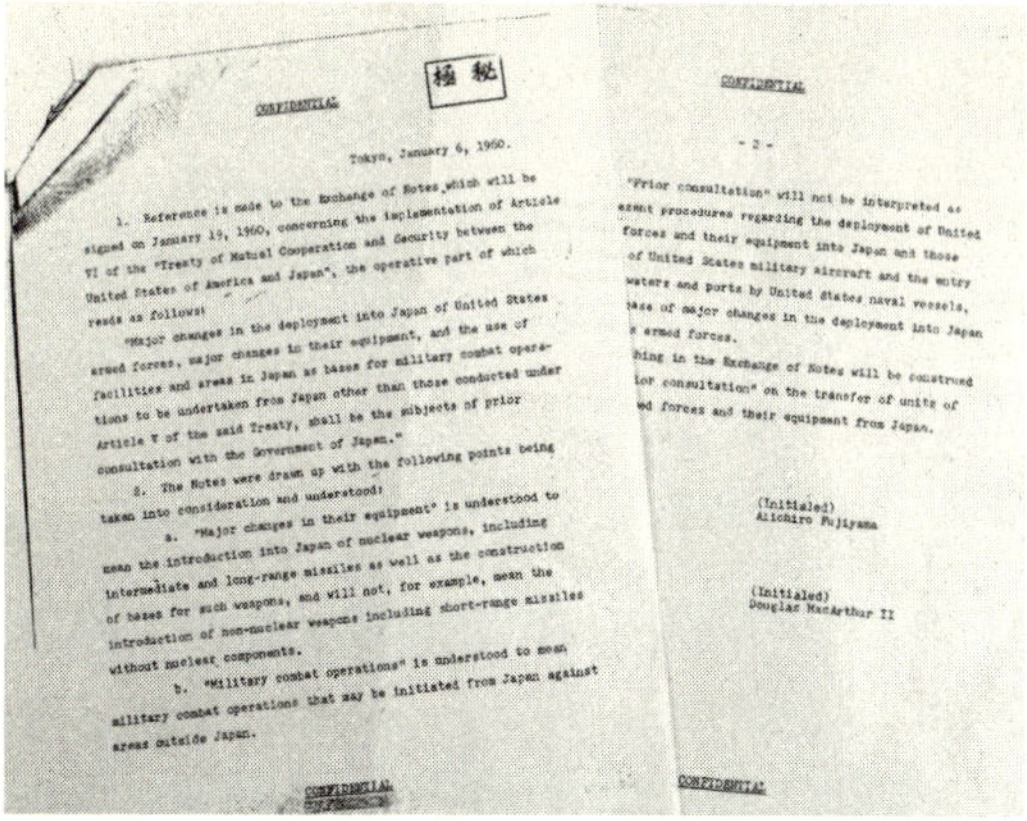
極秘

CONFIDENTIAL

Tokyo, January 6, 1960.

1. Reference is made to the Exchange of Notes which will be signed on January 19, 1960, concerning the implementation of Article VI of the "Treaty of Mutual Cooperation and Security between the United States of America and Japan", the operative part of which reads as follows:

"Major changes in the deployment into Japan of United States armed forces, major changes in their equipment, and the use of facilities and areas in Japan as bases for military combat operations to be undertaken from Japan other than those conducted under Article V of the said Treaty, shall be the subjects of prior consultation with the Government of Japan."

2. The Notes were drawn up with the following points being taken into consideration and understood:

a. "Major changes in their equipment" is understood to mean the introduction into Japan of nuclear weapons, including intermediate and long-range missiles as well as the construction of bases for such weapons, and will not, for example, mean the introduction of non-nuclear weapons including short-range missiles without nuclear components.

b. "Military combat operations" is understood to mean military combat operations that may be initiated from Japan against areas outside Japan.

CONFIDENTIAL

CONFIDENTIAL

- 2 -

"Prior consultation" will not be interpreted as
esent procedures regarding the deployment of United
forces and their equipment into Japan and those
of United States military aircraft and the entry
waters and ports by United States naval vessels,
ase of major changes in the deployment into Japan
s armed forces.
hing in the Exchange of Notes will be construed
ior consultation" on the transfer of units of
ed forces and their equipment from Japan.

(Initialed)
Aiichiro Fujiyama

(Initialed)
Douglas MacArthur II

CONFIDENTIAL

外務省が公開した核密約に関する「機密討論記録」の写し

米側に残る貴重な史料から、何とか核密約の輪郭を描くことができた。

それでも、これは不完全で暫定的な結論でしかあり得ない。なぜなら、日本側の史料や関係者証言が得られていなかったからだ。

私は村田証言にたどり着くまでの一〇年間、密約を受け入れた日本側の関係者から核心的な証言を得ることがまったくできなかったのだ。

そうした意味でも、村田証言は私にとって衝撃的であり、きわめて重要だった。問題は村田が課した「オフレコ」の縛り。そこで、オフレコ解除も視野に入れながら「じゅうたん爆撃」を敢行した。

ピックアップした六人の歴代外務事務次官のうち、先述のとおり、村田の前任者である柳谷は事実上の取材拒否だったが、残りの五人からは誠実な対応を頂戴した。ただ、いずれの経験者も「オンレコ」を嫌がり、「元次官」あるいは「次官経験者」としてのみ証言を引用していい「バックグラウンド」という取材ルールを希望した。


ジャーナリストが取材対象をインタビューする場合、通常は「グラウンド・ルール」と呼ばれる決まりごとが、取材者と取材対象者の間で事前に取り決められる。もちろん最適かつ最善なのは「オンレコ」、すべての発言を引用していい取材原則である。この際、情報源の実名もきちんと記事や原稿に明記することで信憑性《しんぴょうせい》が担保される。

だが、取材活動の現実はそんなに単純ではないし、甘くもない。いろんな社会的制約から、実名の公表を嫌がる取材対象者が出てくる。その場合、「バックグラウンド」というルールを採用する。「オンレコ」のいわば次善の策だ。ここでは証言内容の直接引用は可能だが、情報源が誰かを明かすことはできない。単に情報源の身分の説明にとどまる。新聞記事などでよく登場する「政府高官」「首相周辺」「外務省筋」などがこれに当たる。

ジャーナリストが負う読者への説明責任を考えると、「オンレコ」がいいに決まっている。しかし、それでは「秘密の暴露」にたどり着くことが容易ではない。そこで取材者と取材対象者の間で妥協が図られるわけだ。

「バックグラウンド」よりさらに取材者が妥協を強いられるルールは、「ディープ・バックグラウンド」。この定義は必ずしも明確ではないようだが、取材対象者が言及した事実関係だけを記事や原稿に引用することが可能だったり、取材対象者の同意が得られれば、情報源をよりあいまいに性格付けしたりすることで、読者に最低限の説明責任を果たす。「関係者」と表現する場合などだ。

そして最悪なのが「オフレコ」。情報源を明らかにしてならないのはもちろんのこと、得られた証言を記事で引用することはできない。ただ別の取材源から、同じ事実関係を確認することができれば、それは記事にすることが可能だ。ただし、「オフレコ」の縛りをかけた最初の情報源に取材経過を説明し、理解を得ることが望ましい。

ジャーナリズム論の観点からあえて強調するが、取材はあくまで「オンレコ」を目指すべきだ。知り得た事実に筆者が責任を持つことが重要だからだ。また、そうすることによって、別のジャーナリストや研究者がこの情報源にアクセスし、最初の記事の信憑性を検証する「追試」のプロセスが可能になる。

だが残念ながら、村田証言のオフレコ解除を目指した私のフォローアップ取材は、いずれも「バックグラウンド」を条件に行われた。当初は「オンレコ」での取材許可を得ていたが、核密約の問題を持ち出すと、表情が硬くなり、「ここからはバックグラウンドでお願いしたい」と取材条件の変更を求めてきた次官経験者もいた。

長年の経験で取材慣れしている彼らだけに、なかなか手強《てごわ》く、機微な問題であるがゆえに、彼らなりに慎重な面も時にのぞかせた。「国家のうそ」に覆われた日米史の闇が、退官後も自由に史実を語ることの桎梏《しっこく》となっていることは明らかだった。

冷戦終結と核持ち込み

村田証言から間もない二〇〇九年四月から五月にかけてアプローチした五人の外務事務次官経験者はいずれも、東西冷戦終結後に外務省事務方のトップにのぼりつめた超エリート官僚だった。

数万発単位の核を持ち合って対峙した米ソ冷戦の終わりは、日米核密約と日本を守る「核の傘」にも深遠な意味を内包していた。ジョージ・H・W・ブッシュ大統領（父）が冷戦終結を受けて一九九一年、空母や攻撃型原潜など艦船に配備されていた短距離型の戦術核の米国本土への引き揚げを決めたからだ。五三年一〇月の空母オリスカニの初寄港以来、恒常化してきた海軍核搭載艦船による日本への核持ち込みが、この「ブッシュ・イニシアティブ」によって事実上終焉《しゅうえん》することになったわけだ。

この大胆な政策決定は、保守派によるクーデターなどソ連の内政混乱に伴いモスクワの核管理体制が瓦解《がかい》することを恐れたブッシュ大統領の英断だった。ブッシュはミハイル・ゴルバチョフ大統領のソ連国内での政治的立場が極度に弱体化している実情を踏まえ、各地に点在する戦術核を集中管理する必要性を実感。そこで、まず米側が海洋配備戦術核の引き揚げや地上発射型戦術核の撤去・廃棄を一方的に進めることで、ソ連も同様の措置が取りやすくなるよう環境整備を図った。そしてゴルバチョフもブッシュに呼応する形で、「ブッシュ・イニシアティブ」を上回る核軍縮措置を実際打ち出した（小川伸一『「核」軍備管理・軍縮のゆくえ』芦書房、一九九六年、二〇四－二〇九ページ）。

興味深いのは、ブッシュの片腕で当時、国家安全保障担当補佐官だったブレント・スコウクロフトが後に出した回顧録で、核搭載艦船から核を撤去した理由をこう説明していることだ。

「多くの国々が核兵器を積んだ米軍艦の寄港を許したがらなかった。海軍の政策は核兵器の存在を肯定も否定もしないというものだったが、それ自体が特に日本とニュージーランドとの関係で問題となっていた」(George H. W. Bush and Brent Scowcroft, *A World Transformed*, Vintage Books, 1999, p.545)

米国は対ソ戦略上、艦船上の核兵器の存否を対外説明しない「ＮＣＮＤ政策」を取っていたが、核の持ち込みを許さない反核世論を抱える日本との関係上、やはりＮＣＮＤを盾に同盟国の国民をだまし続けることの限界に、スコウクロフトは気付いていたのだ。実際、ニュージーランド政府は一九八〇年代半ばに核搭載可能な米軍艦船の入港を拒否したため、米国との関係が極度に険悪化し、同盟関係が事実上崩壊していた。

なお「ブッシュ・イニシアティブ」の後、米国は攻撃型原潜に搭載していた核巡航ミサイル・トマホーク（略称TLAM／N）をすべて本土に引き揚げたが、いざ有事が勃発すれば、原潜に再搭載するオプションを堅持、アジア太平洋向けにも数十発を温存した。後述するが、このオプションが二〇年後のオバマ政権下で日米間のちょっとした論争の種になる。核巡航トマホークは一九八〇年代に製造された核弾頭「W80」を搭載し、射程は二五〇〇キロ、破壊力は広島型原爆の約一〇倍に相当する一五〇キロトンだった。

本音語る次官

こうした「ブッシュ・イニシアティブ」のおかげで、一九九二年以降、米海軍艦船によって核が日本の港湾内に持ち込まれる事態は消滅した。そのため、核持ち込みの問題が国会での論争に登場したのは、共産党が核密約に関する米側解禁文書を基《もと》に小渕恵三、森喜朗両内閣を追及した二〇〇〇年代初期だけだった。特に〇一年九月一一日の米中枢同時テロを受け、米国の安全保障政策の比重が「テロとの戦い」に大きくシフトしてからは、核持ち込みの問題は完全に「過去の問題」になった感があった。

そうした傾向は、村田証言後に行った「じゅうたん爆撃」取材にも如実に表れていた。二〇〇〇年代に外務事務次官に就任した次官経験者の一人は〇九年五月のインタビューで「（核密約の引き継ぎなんて）知らない。僕は九・一一の時代にいたからね」と言明した。また、彼の後に外務事務次官になった別の次官経験者との間ではこんなやり取りを交わした（歴代外務事務次官経験者の証言に関しては、太田昌克「日米核密約　安保改定五〇年の新証言　あぶり出された全容」『世界』二〇〇九年九月号を参照)。

——核搭載艦船の寄港問題だが、外務事務次官が引き継いできたという情報に接したが？

経験者　僕の次官室ではその話は出なかったな。引き継がれなかったし、引き継いだこともなかった。

——冷戦が終わって、核搭載艦船が日本に来なくなったからか？

経験者　そうかもしれない……〔米国が核を持ち込み、使うと言った場合に〕日本は「ノー」とは言えないんだよね。例えば〔中国の〕瀋陽《しんよう》あたりを核で攻撃すると米国が言っているのに、日本が「ノー」と言えるかという話なんだよ。「ノー」と言えば、「だったら、お前がやれ。瀋陽に兵隊を出してくれるのか」と米国から言われる。

この次官経験者は核密約の引き継ぎを前任者あるいは後任者との間で行ったことはないと語る。一方、後段の証言内容は、日本への核持ち込みを含めた米軍の核軍事作戦に異論を差し挟む気概すらない日本外交の思考停止ぶりを露呈している。

こうした「九・一一」以降の次官とは打って変わって、冷戦の記憶が依然色濃かった一九九〇年代の次官経験者の証言は違った。以下、〇九年五月以降にインタビューした次官経験者らの話を詳しく紹介していきたい。

「そういう考え方というのは、ずっと我々は知っていました」

まず次官経験者Aは、核艦船の通過・寄港を事前協議の対象外とする「機密討論記録」の米側解釈を現役時代に熟知していたと事もなげに明言した。

さらにAは、「機密討論記録」の解釈を日米間で擦り合わせた一九六三年の「大平－ライシャワー秘密会談」の内容についても「そりゃあ聞いています。何か飯《めし》のときに確認したんじゃないかな。〔大平外相が米大使〕公邸に行って」と語ったうえで、同秘密会談に関する記録が外務省にも「残されているはず」と付け加えた。

村田証言から次官引き継ぎ用のメモが存在したことはすでにこの時点で分かっていたが、Aの証言はそれより数歩先を行っていた。なぜなら、核密約確立の歴史的局面とも言える「大平－ライシャワー秘密会談」の概要を外務省中枢が把握しており、それが文書記録として外務省に保管されているという新たな事実を暴露していたからだ。核密約に関する情報管理がより体系的に、しかも組織的に行われていた実態がAの証言から明らかになった。

なお、Aはじめ歴代次官を取材する際は必ず、すでに米側で公開されていた「機密討論記録」の草案や「大平－ライシャワー秘密会談」の内容をつづったライシャワー公電など関連文書を持参し、それを見せながらインタビューを進めた。すでに世に出回っている「物証」を突きつけることで、より信憑性の高い証言を引き出すことができると考えたからだ。また「物証」の存在を知れば、次官らも話しやすくなる。「もうこんな公文書が米側で公開されているのなら、今さら知らぬ存ぜぬを決め込んでも仕方があるまい」と思ってくれたら、こちらとしては実にしめたものである。

また取材を申し込むに当たっては、核密約を前面に出さないよう心掛けた。密約の「密」と言った瞬間に、表情がこわばり、証言拒否を決め込む外務省関係者は少なくない。だから証言を得る際にもなるべく「密約」ではなく、「機密討論記録」という言葉を使うことに決めていた。取材手法として姑息《こそく》と思われるかもしれないが、私はとにかく、貴重な村田証言を自分の取材ノートの中だけに飼い殺しにしておきたくなかった。そのため、細心の注意を払って次官OBらにアプローチしたのだ。

次官経験者Aの証言を続けよう。

「〔こうしたことは事務次官に就任する〕もっと前から知っています。条約局の中ではみんなというか、安保条約を担当している者はみんな知っています」

核密約の引き継ぎは、村田が指摘したような次官同士に限定されたものではなく、日米安保条約の解釈を所管する条約担当部局で組織的に行われていたわけだ。

次に取材した次官経験者Bはこう語った。

「〔核密約のことを知ったのは〕条約課長のとき。下の人間から聞いた。キーは何と言っても北米局の日米安保課。それから北米局長。条約局は国会答弁の責任があるというのと、条約だからその解釈で関わっていた」

Bの証言から、核密約を所管していた主たる部門が北米局だったことが分かった。この点について旧知の北米局長経験者Cを取材してみたら、C自身が局長だった時点で「機密討論記録」が意味する内容や「大平－ライシャワー秘密会談」の経過を把握していたと述べ、北米局の関与があったことを明確に認めた。

次官経験者Bのインタビューの中で強く印象に残ったのは、彼がこんなひと言をしみじみと口にしたときだった。

「事前協議がないから持ち込みはない、と〔日本政府は〕ずっと言い続けている。言うほうも『何か恥ずかしいなあ』と思いながら……」

静かに本音を語るBの表情からは、悔恨《かいこん》と言うとやや大げさかもしれないが、国民にうそをつきながら矛盾に満ちた安保政策を取り仕切ってきた当事者の忸怩《じくじ》たる思いを感じ取ることができた。

冷戦終結と「ブッシュ・イニシアティブ」によって、もはや核持ち込みの問題は現代日本政治における「生」の争点ではなくなった。片方の当事者である米政府も、すでに核密約を裏付ける多くの関連文書を公開していた。こうした時代の変化がこの問題に対する次官らの認識を変容させ、沈黙を破らせたのは間違いなかった。

官僚が政治家を「選別」

外務事務次官経験者ではないが、条約局長などの要職を歴任した元外務省幹部Dからは二〇〇九年七月に入って、こんな興味深い証言を得ることもできた。

「条約局に〔機密討論記録の〕コピーがありました。ファイルにちゃんと入っていた。これはずっと〔省内に〕あったんじゃないですか。六〇年にサインしているわけですから。原本は北米局にある」

この話を聞いたとき、まず自分の耳を疑った。

それまでの次官経験者への取材では、「機密討論記録」や「大平－ライシャワー秘密会談」の内容をまとめた日本語記録が存在したことは確認できた。しかし、核密約の原文とも呼べる英語の「機密討論記録」そのものが外務省内に保管されていることを明確に確認することができたのは、この時が初めてだったからだ。この取材の中で「本当に機密討論記録の原文があったのか」と複数回念を押したが、「外務省の事務当局がこの紙の存在を知らないなんてあり得ない」との確信に満ちた返答だけが返ってきた。

Dの証言が正しかったことは、これから二ヵ月後に外相に就任した岡田克也が主導した外務省の日米密約調査で証明された。

こうして見ると、核密約の継承は、①北米、条約両局という日米安保条約を所管する担当部局、②歴代外務事務次官——の「2トラック」で行われていたことが分かる。

村田は条約局にも一時在籍したことがあったが、ポストは条約局審議官で、重要政策決定のラインからは外れていた。だから、核密約のことを何ら知らされずに事務次官までのぼりつめ、前任者の柳谷から「メモ書き的な紙」を示され、核密約に関する引き継ぎを受けたのだった。これに対し、北米局や条約局の関係課長や局長を経験している事務次官は、次官就任前の両局在籍中に核密約に関する引き継ぎをすでに受けており、それを熟知したまま事務方の最高ポストに就いていたわけだ。

条約局出身の次官経験者は村田と違い、次官になって「メモ書き的な紙」など読む必要はなかった。次官同士の引き継ぎはあくまで「表」のトラック、これに対し北米、条約両局中枢による引き継ぎは「裏」のトラックであり、後者が核密約継承の〝メインストリーム〟だった。

外務次官経験者への取材からは、別の重大事実も浮かび上がった。それは官僚主導の密約管理の実態だ。二〇〇九年五月に取材した次官経験者Eはこんな本音を漏らした。

「非常にこれは言えないことですけどね、あの……外務省の事務次官としてですね、絶対に信頼してもらえるし、自分が信頼するという外務大臣と総理大臣はいるんです。しかしそうでない方もいるんです。そうすると、この種の問題は要するに、事務次官のポストに就いた人は形式論を言えば、必ず時の大臣、総理には報告すべきことであるわけです。それだけの大きな問題ですから。しかし、さっき申し上げたようなことがありますから、そこは非常に僭越《せんえつ》かもしれませんけれども、役人サイドは選別をするんです」

日本の官僚機構の優秀さは折り紙付きだ。下から政策立案を積み重ね、省内や関係省庁との周到な調整はもちろんのこと、政治家との根回しで立案内容を正式決定し、それを着実に履行していく。中でも日本の重要戦略官庁であり、霞が関の「精鋭中の精鋭」である外務官僚の有能ぶりは確かで、私自身が東京やワシントン、あるいは国際会議の取材現場で幾度となく実感させられたことがある。

それでもこのEの証言には半《なか》ば戦慄を覚えた。

官僚みずからが政治家たちを選別する――。「官こそ賢で政は愚」とのエリート意識の極みを感じ取ったからだ。

また、先述の次官経験者Bも「大臣が替わってすぐ〔また〕替わりそうだと思うと、そういう話はしない……長く〔外務省に〕いそうで、かつ立派な人となると、ブリーフをするのだと思います」と証言した。

Bの話が事実ならば、外務省の高級官僚は長続きしそうで「立派な」外相だけに核密約のことを教えていたことになる。確かに、日本の政治家には官僚と比べ口の軽い人が多い。この証言を聞いたとき、国家の重大機密を扱う事務方がこんなふうに考えるのも「さもありなん」と受け止めてしまった。

しかし、議院内閣制を取る日本の民主主義の本義からして、民意で選ばれた国会に信任された内閣の担当閣僚に、これほどの重要案件を「こいつは信用ならん」との高級官僚の〝皮膚感覚〟だけで伝達しなかったというのは、驚愕《きょうがく》すべき事実だ。一聞しただけでは、にわかに信じられない話だった。

それでも、次官経験者Aも「〔伝えるか伝えないかは〕人によりけり。危ない人には言わなかったと思う」と言明。外務省が信頼して真相を報告していた首相、外相として、他界した橋本龍太郎、小渕恵三両氏の具体名を挙げた。核密約は紛《まぎ》れもなく、官僚主導で管理・継承されてきたのである。

歴史の歯車

村田証言を契機に敢行した「じゅうたん爆撃」は、二〇〇九年五月三一日、共同通信が配信したスクープ記事として結実した。なお「オフレコ」の縛りをかけていた村田には五月一四日に再度、彼が上京した機会をつかまえてホテルオークラ東京で取材を行った。

「他の次官経験者も核密約の内実について具体的証言を行っているので、三月一八日に京都で聞いた話をぜひとも活字にさせてほしい」。こう頼むと、村田は「村田」という文字が活字にならないなら書いてもいいと述べ、「バックグラウンド」で証言内容を引用することを認めてくれた。私は「オフレコ」で得た情報を他のソースの証言で裏付け、再度、最初の情報源に承諾を得るという正統な取材プロセスにこだわったわけだ。

以下に二〇〇九年五月三一日の配信記事をそのまま転載する。

◎歴代外務次官らが管理
日米の核持ち込み密約　首相、外相の一部に伝達　橋本、小渕両氏ら　経験者4人が証言

一九六〇年の日米安全保障条約改定に際し、核兵器を積んだ米軍の艦船や航空機の日本立ち寄りを黙認することで合意した「核持ち込み」に関する密約は、外務事務次官ら外務省の中枢官僚が引き継いで管理し、官僚側の判断で橋本龍太郎氏、小渕恵三氏ら一部の首相、外相だけに伝えていたことが三一日分かった。

四人の次官経験者が共同通信に明らかにした。

政府は一貫して「密約はない」と主張しており、密約が組織的に管理され、一部の首相、外相も認識していたと当事者の次官経験者が認めたのは初めて。政府の長年の説明を覆す事実で、真相の説明が迫られそうだ。

次官経験者によると、核の「持ち込み（イントロダクション）」について、米側は安保改定時、陸上配備のみに該当し、核を積んだ艦船や航空機が日本の港や飛行場に入る場合は、日米間の「事前協議」が必要な「持ち込み」に相当しないとの解釈を採用。当時の岸信介政権中枢も黙認した。

しかし改定後に登場した池田勇人内閣は核搭載艦船の寄港も「持ち込み」に当たり、条約で定めた「事前協議」の対象になると国会で答弁した。

密約が反故になると懸念した当時のライシャワー駐日大使は六三年四月、大平正芳外相（後に首相）と会談し「核を積んだ艦船と飛行機の立ち寄りは『持ち込み』でない」との解釈の確認を要求。大平氏は初めて密約の存在を知り、了承した。こうした経緯や解釈は日本語の内部文書に明記され、外務省の北米局と条約局（現国際法局）で管理されてきたという。

文書を見たという次官経験者は「次官引き継ぎ時に『核に関しては日米間で（非公開の）了解がある』と前任者から聞いて、次の次官に引き継いでいた。これは大秘密だった」と述べた。

別の経験者は橋本、小渕両氏ら外務省が信用した政治家だけに密約内容を知らせていたと語った。さらに別の経験者は「（密約内容を話していい首相、外相かどうか）役人が選別していた」と述べ、国家機密の取り扱いを大臣でなく官僚が決めていた実態を明かした。

米軍は五三年以降、空母などに戦術核を搭載し日本近海に展開。冷戦終結後は、こうした海上配備の戦術核を米本土に引き揚げた。密約に関しては九〇年代末、その内容を記した米公文書が開示されている。（共同通信編集委員　太田昌克）

しかしながら、当時の麻生太郎政権は「密約は存在しないと政府はこれまで何回も申し上げてきた。歴代首相、外相は密約の存在を明確に否定している」（六月一日の河村建夫《たけお》官房長官の記者会見）と、記事の内容をあっさり否定した。

その後、野党が国会で真相追求を試みるが、まるで木で鼻をくくったかのような従来どおりの政府答弁が変わることはなく、記事の掲載を見送った在京全国紙もしばらくの間、沈黙を保ち続けた。

そして事態がようやく動いたのは、西日本新聞が二〇〇九年六月二八日に村田元外務事務次官の実名入りインタビュー記事を一面トップで掲載してからだった（「米の核持ち込み『密約あった』」西日本新聞、二〇〇九年六月二八日朝刊）。村田が核密約の存在を「オンレコ」で認めたこの記事の後、毎日、読売、朝日、日経の全国紙が次々に追っ掛けで村田証言を大きく報じた。

最初の引き金を引いた私も村田本人から電話で了承を得て、匿名で証言した四次官の一人が彼だったことを明らかにする記事を六月二九日に配信した（太田昌克「外相伝達は『秘密の義務』村田氏、実名公表に同意」二〇〇九年六月二九日共同通信配信）。

以降、核密約問題が八月末に控えた総選挙の争点として本格的に浮上、二〇〇九年九月の画期的な政権交代と岡田の外相就任を経て、日米密約解明へ向けた歴史の歯車が大きく動くことになる。

核密約をめぐる経過 (肩書は当時。写真はAPなど)

1960年1月6日 ●藤山愛一郎外相とマッカーサー駐日米大使が「機密討論記録」に署名

19日 ●改定日米安全保障条約に調印

6月23日 ●改定日米安保条約が発効

63年3月 ●池田勇人首相が参院予算委員会で「核弾頭を持った船は、日本に寄港してもらわない」と答弁

4月 ●大平正芳外相とライシャワー駐日米大使が秘密会談。大使が核密約を説明

67年12月 ●佐藤栄作首相が衆院予算委で「非核三原則」を表明

68年1月 ●牛場信彦外務事務次官、東郷文彦北米局長とジョンソン駐日米大使が会談。核密約を確認

81年5月 ●ライシャワー元駐日米大使が安保改定の際、日米間に米核搭載艦船の日本寄港を認める口頭了解があったと発言

09年3月 ●村田良平元外務事務次官が核密約の存在を証言

9月 ●岡田克也外相が外務省に核密約など日米間の４密約の調査を命令

11月 ●密約を検証する有識者委員会が発足

10年3月 ●有識者委が核密約を「広義の密約」と認定

アイゼンハワー米大統領と岸信介首相（1957年6月26日）

第3章

新たな証拠

——二〇一〇年四月二八日

2010.04.28

一通のメイル

ゴールデンウィークが始まる直前の二〇一〇年四月二八日夕、東京・汐留《しおどめ》の共同通信オフィスで仕事をしていたら、一通のメイルが届いた。

「ご無沙汰しております。先月、米国立公文書館で史料調査をしたところ、核密約に関する興味深い文書を見つけました」

差出人は黒崎輝《あきら》。福島大学で教鞭《きょうべん》をとる核問題と外交史の若手専門家だ。

一九七二年生まれの黒崎は私より四つ若い。私はジャーナリストの立場から、戦後日米関係を語る際に切っても切り離すことができない「核」をここ一〇年以上メインテーマとしてきたが、黒崎とは調査・研究の領域が重なる部分が多かった。もちろん学者の黒崎とは問題に対するアプローチが違うが、学術的な洗練度や精緻《せいち》さを比較すると、私が調べたり書いたりしたものは黒崎のそれに数段劣っていることは明らかだ。それでも「核」と「日米関係」という二つの鍵となる要素を掛け合わせ、しかも歴史文書を紐解《ひもと》きながら、それを歴史的な文脈で分析していくというスタイルはよく似ている。そのため、私は二〇〇五年ごろから、黒崎の研究に関心を持つようになった。

そして二〇〇七年春にワシントンから戻り、会社の命令で東京・六本木にある政策研究大学院大学（ＧＲＩＰＳ）に国内留学し、博士論文を書くようになってから、黒崎の著作にはなおのこと注目するようになった。四〇近くになって博士論文を書く作業ははなはだ骨の折れる苦行だったが、論文の指導教官がまず強調したのは論文の「オリジナリティー」だった。つまりすでに公表済みの先行研究には見られないユニークな視点や独特の着想と分析手法、あるいは本邦初公開となるような新史料を駆使するなどして、自分にしか書けないものを書くことに論文評価のウェイトが置かれる。

黒崎は二〇〇六年に『核兵器と日米関係　アメリカの核不拡散外交と日本の選択１９６０―１９７６』（有志舎）という著書を出しており、指導教官からは「黒崎さんの著書を超えるものを書いてください」と何度か鼓舞激励されていた。

なお日米の解禁公文書をふんだんに使った黒崎のこの著書は、中国による初の核実験成功を受け、独自核武装に傾斜しかねない日本の核保有オプションを封じようとするケネディ、ジョンソン両政権期の「対日核不拡散政策」を歴史的に詳述するなど、一九六〇～七〇年代の核をめぐる日米同盟史を研究するにあたっては必読の名著といえた。「核の傘」と日米密約の相関関係を博士論文の主要研究テーマに据えた私にとって、それはなおのことだった。

こうした経緯から、いつしか黒崎の存在は私にとって特別な意味を持つようになった。そんな黒崎から突然メイルが届き、「核密約に関する興味深い文書」が見つかったと教えられた。私は「これは相当おもしろいに違いない」と内心直感し、すぐさま、黒崎がデジタルカメラで撮影し添付してきてくれた米公文書を精読し始めた。

持ち込みの担保「2項c」

「シークレット(秘密)」の機密指定がされた英文文書は計二ページで、日付は一九六三年三月一五日。在日米大使館の一等書記官、アール・リッチーが国務省の日本担当官ロバート・フィアリーに送った秘密書簡だった(Letter from Earle J. Richey to Robert A. Fearey, March 15, 1963, Secret, Japan, Classified General Records, 1952-1963, RG84, NACP)。

この秘密書簡の送り主であるリッチーはもともと弁護士出身で、日本以外にケニア、チュニジア、モロッコなどの大使館に勤務した経験を持つキャリア外交官だ。

一方のフィアリーは、当時の国務省きっての知日派外交官として知られる。日本の第二次世界大戦参戦前にジョセフ・グルー駐日大使の個人秘書となり、戦後はトルーマン政権下で対日交渉を進めたジョン・フォスター・ダレスのアシスタントとしてサンフランシスコ講和条約の準備にも携わった。そして一九六〇年の安保改定時には再び在日大使館に勤務し対日政策に関与、その後は国務省で日本を担当する東アジア部長などを歴任し、七二年の沖縄本土復帰の直前には最後の米民政官を務めた("Robert A. Fearey, 85; Foreign Service Officer," *The Washington Post*, March 6, 2004; "Earle J. Richey Dies at 75; State Department Ombudsman," *The Washington Post*, July 4, 1993)。

オフィスでこの秘密書簡を精読し始めて間もなく、私はリッチーの記した次の一文に思わず息をのんだ。その一文とは、フィアリーが一年前の一九六二年二月一二日にリッチーにあてた書簡の中身を引用する形でリッチーが秘密書簡に記したこんな一節だった。

「条約交渉の時点で、機密討論記録2項cの意味は、岸と藤山によって明確に理解されていた(the meaning of paragraph 2c. of the Confidential Record of Discussion was clearly understood by Kishi and Fujiyama at the time of the Treaty negotiations)」

ここに出てくる「条約交渉」とは、一九六〇年一月一九日の新条約調印に至る日米安保改定交渉のことを指す。「Kishi and Fujiyama」はその改定交渉を主導した岸信介首相と藤山愛一郎外相にほかならない。そして、岸、藤山がその意味を「明確に理解」していたという「2項c」とは、前章までに詳述してきた「R・D」、つまり「機密討論記録」にある次の条項だった。

「『事前協議』は、合衆国軍隊の日本国への配置における重要な変更の場合を除き、合衆国軍隊とその装備の日本国への配置に関する現行の手続き、ならびに合衆国軍用機の飛来や合衆国海軍艦船による日本国領海および同港湾への進入に関する現行の手続きに影響を与えると解釈されない」

「機密討論記録」を作成した日米双方の狙いは、安保改定で新設された事前協議制度の定義について共通の理解を深め、互いの意図するところを確認することにあった。よりかみ砕いて言えば、事前協議の対象となる議題が具体的に何であるかを確定することにあった。

ただ、この「2項c」は一読しても、その意味がきわめて分かりにくい。たとえば「合衆国軍隊とその装備の日本国への配置に関する現行の手続き」とはいったい何を指すのか。また「合衆国軍用機の飛来や合衆国海軍艦船による日本国領海および同港湾への進入に関する現行の手続き」とははたして何のことなのか。

その答えは別の米側文書に見つけることができた。

その文書は「日米安保条約に基づく協議手続きの説明」と題した安保改定時に作成された国務省の内部メモ。このメモは安保改定の関連重要情報をまとめた「会議用ブリーフィング・ブック」(米国立公文書館保管の国務省極東局東アジア部ファイルに収蔵)に含まれており、米ワシントンの研究機関「ナショナル・セキュリティー・アーカイブ」が入手したものだ。そこにはこんな記述がある。

日本との〔事前〕協議が不要なもの

(中略)

C.合衆国の艦船および航空機による日本国内の港や航空基地への立ち寄り。装備の中身に関わりなく(機密)

D.核コンポーネントをもたない短距離ミサイルを含む非核兵器の日本への持ちこみ(機密)

(当該メモは“Description of Consultation Arrangements under the Treaty of Mutual Cooperation and

Security with Japan," Bureau of Far Eastern Affairs, Office of East Asian Affairs Central Files, 1947-1964, Box 24, U.S.-Japan Treaty of Mutual Cooperation and Security, RG 59, NACP, obtained by the National Security Archive, Washington D.C.)

「C.」にある「装備の中身に関わりなく」との記述から、核兵器を搭載していようがいまいが、米軍の「艦船および航空機による日本国内の港や航空基地への立ち寄り」が事前協議の対象外であることが分かる。

米海軍は、一九五三年一〇月に核搭載空母オリスカニの横須賀寄港以来、艦船によって日本の領海や港湾内に頻繁に核を持ち込んできた（新原《にいはら》昭治『「核兵器使用計画」を読み解く』新日本出版社、二〇〇二年、一六八－一七一ページ）。したがって、「R・D」の「2項c」にあった「合衆国軍用機の飛来や合衆国海軍艦船による日本国領海および同港湾への進入に関する現行の手続き」とは、日本への核兵器搬入に何ら制約のなかった旧安保条約時代から行われている「現行の手続き」、つまり核搭載艦船の通過・寄港のことを指すことになる。

それが事前協議の対象とはならない点を確認するのが「2項c」に込められた狙いだったわけだ。

分かりやすく言えば、米軍はこの「2項c」を「R・D」に盛り込むことで、占領統治の名残が色濃い旧日米安保体制時代から続く「核持ち込み」の既得権を温存しようとしたのだった。

「広義の密約」

こんな「2項c」に込められた米側の真意を、日本側ははっきりと認識していたのか。「現行の手続き」とは一九五〇年代に慣行化した米軍艦船による核の持ち込みを意味し、それが日米間の事前協議の対象外であるという事実を、日米安保条約改定を主導した岸や藤山はじめ日本側当事者がきちんと把握していたのだろうか。

二〇〇九年九月に岡田克也外相がスタートさせた外務省の日米密約調査でも、この点が最大の争点となった。そして、安保改定以降の膨大な日本側公文書を精査した外務省有識者委員会（北岡伸一座長）が一〇年三月九日に結論として公表した『いわゆる「密約」問題に関する有識者委員会報告書』は、おおむね以下の内容だった。

・安保改定直前の一九六〇年一月六日に藤山外相とマッカーサー二世駐日米大使がイニシャル署名した「機密討論記録」（有識者委は「討議の記録」と表現）に立脚して、核搭載艦船の日本への寄港を事前協議の対象外とみなした米側に対し、日本側はそうした米側解釈の明確化を回避したまま放置した。六三年四月にライシャワー駐日米大使から大平正芳外相が「機密討論記録」をめぐる米側の意図を知らされた後も、日本政府は「寄港は事前協議対象」との不正直な対外説明を続けた。

・日本政府は米政府の解釈に同意したわけではなかったが、米側にその解釈を改めるよう働きかけることもなく、核搭載艦船が事前協議なしに寄港することを事実上黙認し続けた。そして日米間には一九六〇年代を通じて、この問題を「深追い」することで同盟の運営に支障が生じることを避けようとする「暗黙の合意」が形成されていった。つまり問題の「処理」をめぐって両者には合意が

藤山愛一郎外相とマッカーサー2世駐日米大使（1959年10月21日）

存在していた。

・「密約」とは、国民に知らされていない国家同士の合意ないしは了解であって、公表されている合意や了解と異なる重要な内容（＝追加的に重要な権利や自由を他国に与えるか、あるいは重要な義務や負担を自国に引き受ける内容）を持つもの。さらに「密約」は、それを裏打ちする合意文書が存在する「狭義の密約」と、明確な文書による合意はないが暗黙のうちに存在する合意や了解から成立する「広義の密約」に分類される。

・「暗黙の合意」から成る核搭載艦船寄港をめぐる密約は「広義の密約」に当たる。「機密討論記録」の「2項c」が艦船による核持ち込みに関する了解であるとの認識は、安保改定に携わった日本側交渉当事者にはなかった。したがって「機密討論記録」を密約文書とまでみなすことはできない。

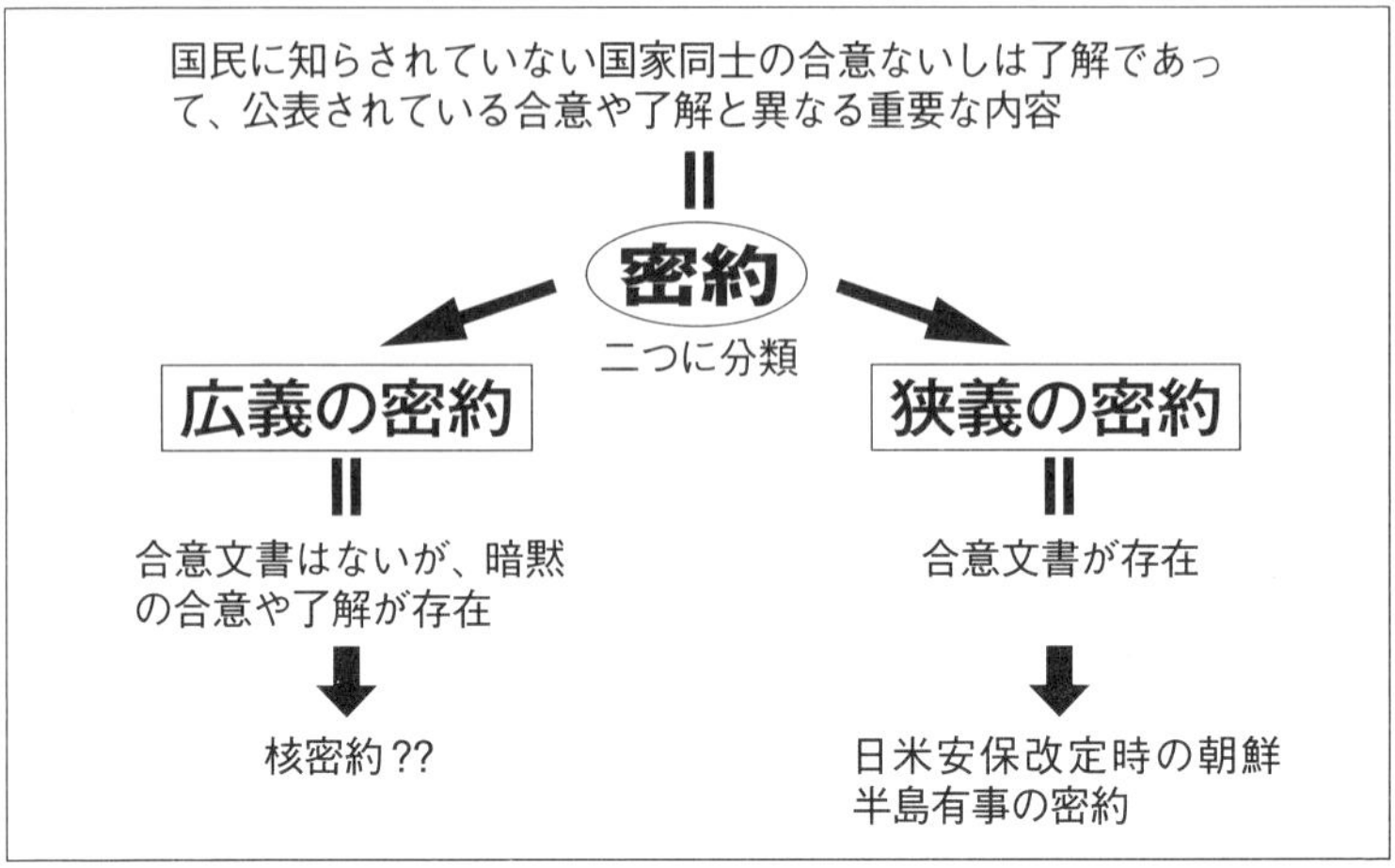
国民に知らされていない国家同士の合意ないしは了解であって、公表されている合意や了解と異なる重要な内容
＝
密約
二つに分類
広義の密約
＝
合意文書はないが、暗黙の合意や了解が存在
核密約??
狭義の密約
＝
合意文書が存在
日米安保改定時の朝鮮半島有事の密約

有識者委員会の密約の定義と核密約

私はこの結論を知ったとき、大いに戸惑った。

報告書を読んだ日は、仕事が忙しかったせいもあったが、その内容に釈然とせず明け方まで眠れなかった。それは別に、「広義の密約」というこれまで聞いたこともない不可思議な密約の定義が登場したからではない。それよりも気になったのは、「機密討論記録」を密約文書、つまり密約の直接的な証拠とはみなさない見解を有識者委員会が採用していたからだった。このことは「2項c」をめぐる米側の解釈に日本側が了承を与えず、「機密討論記録」には特段、密約性がなかったと断じることにつながりかねない。

前章でも触れたが、私は二〇〇四年に米側公文書や米側関係者のインタビューを基に、核密約に関する著書『盟約の闇』を出しており、その結論は有識者委員会のそれに近かった。すなわち、日米双方は「機密討論記録」を交わしたものの、核搭載艦船寄港の取り扱いに関しては解釈を詰めずにあいまいなままとし、一九六三年四月の「大平－ライシャワー秘密会談」で米側解釈が明示的に示されて以降、核密約が段階的に形成されていった——というのが『盟約の闇』のエッセンスだった。実は有識者委員会が報告書を公表する直前、ある委員からはオフレコで「太田さんがこれまで書かれた線と合致する結論になります」と耳打ちされていた。

自身が数年前に刊行した著書の結論が、政府によって任命された権威ある学者先生方によって大筋確認されたわけだから、本来なら、それを素直に喜んでもいいのかもしれない。

でも私はそんな気分にはなれなかった。

なぜなら、有識者委員会が報告書を公表する直前、つまり黒崎がリッチーの秘密書簡を送ってくれるずっと以前から、それまでの自身の持説を修正せざるを得ない別の証拠を入手していたからだった。

「特ダネ」のタネ

有識者委員会の報告書が公表されるおよそ五〇日前の二〇一〇年一月二二日、私は自分なりに思いを込めた一本の「特ダネ」を配信した。

それは以下の共同通信の配信記事だった。

◎国会対策でうその答弁

日本側に密約の認識　安保改定時の外務次官　寄港は協議対象外　証言テープ見つかる

米軍核搭載艦船の日本への通過・寄港を日米安全保障条約上の「事前協議」の対象外とした核密約に関連し、密約が交わされた一九六〇年に外務事務次官だった山田久就氏が生前、野党の追及をかわす国会対策の必要上、「通過・寄港も事前協議の対象に含まれる」とうその答弁を当時からしていたと証言した録音テープの存在が二二日、明らかになった。

核密約をめぐり、日米間の事前協議対象となる「核持ち込み」に、通過・寄港が含まれるか否かで日米間に「解釈のずれ」(元外務省幹部)があったとの見方もあるが、山田氏の証言は、そうした食い違いが存在せず、日本側に密約の認識があったことを明確に示している。同氏は密約を記した「秘密議事録(筆者註・機密討論記録のこと)」の作成にも関与しており、密約問題を検証する外務省有識者委員会の議論に大きな影響を与えそうだ。

証言テープは、山田氏にインタビューした原彬久・東京国際大大学院教授(国際政治学)が八一年一〇月一四日に収録した。

山田氏は五〇年前の六〇年一月一九日署名の改定安保条約をめぐる交渉で、通過・寄港の扱いが「(日米間で)問題にもならなかった」とした上で、「核持ち込み」とは「(日本の)陸上に大きな核兵器を持ってくる」ことを意味し、通過・寄港は「入っていない」と説明。安保改定の時点で通過・寄港が事前協議の対象外だったと「はっきり言っていい」と断言した。

さらに、改定条約が審議された六〇年の通常国会以降、政府が「核装備して（艦船が）入港する時は事前協議の対象」（赤城宗徳防衛庁長官）などと答弁してきたのは「（対）野党戦術」だったと解説。虚偽答弁は「取り繕いだったのか」と聞かれ、これを認めている。

原教授は安保改定時に同省安全保障課長だった東郷文彦氏の八一年六月二日の証言テープも保管。東郷氏はその中で「持ち込みというのは陸に置くこと」と証言している。

原教授は八八年に出版した著書『戦後日本と国際政治』で、山田氏らの証言を一部引用していたが、テープの存在とその全容が明らかになったのは今回が初めて。（共同＝太田昌克）

「特ダネ」といっても何のことはない。この記事の最後にタネ明かしをしているように、この記事の出発点は、安保改定の先駆的研究で知られる原の著書だった。

七〇〇ページ近い原の大著には、「外務次官山田久就が『「もち込み」にはトランジット（寄港・通過）も入るという赤城の答弁は、野党の追及を怖れる〝とりつくろい〟にすぎなかった』と証言している」との記述がある。しかもこの記述の出典を明記した脚注(54)には、「山田久就とのインタヴュー、一九八一年一〇月一四日」と書いてあった（原彬久『戦後日本と国際政治　安保改定の政治力学』中央公論社、一九八八年、三五八、六三七ページ）。

さらにタネ明かしをすると、この記述の存在を最初に教えてくれたのは、かねてから親交のある日米史専門家の新原《にいはら》昭治だった。二〇〇九年秋の政権交代を受けて核密約が大きな争点に浮上する中、私は新原に定期的にアドバイスを求めるようになり、彼から原の著書にある重大記述を指摘されたのだった。

なお原の著書は、当時すでに解禁されていた米側公文書をふんだんに駆使しているほか、日本側当事者への綿密なインタビューを多用しているのが特徴だ。山田以外にも、岸や藤山、福田赳夫、赤城宗徳《むねのり》、宮澤喜一といった自民党本流の錚々《そうそう》たる顔触れに加え、岡田春夫、飛鳥田一雄、岩垂寿《いわたれす》喜男《きお》といった社会党のキーパーソンからも幅広くインタビューしており、安保改定史を研究する者には必読の書だ。しかし新原の指摘を受けるまで、恥ずかしながら私自身、精読する機会がなかった。

三〇年以上、在野の立場から核密約問題を鋭く追究してきた新原は膨大な米公文書を丹念に調べ上げ、数々の著作を残している。新原は「反核の闘士」であり、共産党とも浅からぬ付き合いがある。しかし、真相究明を優先する私にとってそんな党派性はどうでもよく、客観的な史実立証を重視する新原の研究が持つ学術的価値にここ一〇年ほど注目してきた。

秘蔵のテープ

二〇〇九年の晩秋、私は都内にある病院の病室から、それまでまったく面識のなかった原に電話をかけた。その時のことは今もよく覚えている。原の著作の記述に触れ、その重要性を強調して「ぜひ取材させてほしい。山田とのインタビュー記録が残っているなら、それを読ませてほしい」と嘆願した。

だが原の反応はけっして芳《かんば》しくなかった。原は「確か録音テープがあるはずだ」と言明したものの、今自身が取り組んでいる仕事もあり、取材にはすぐさま応じかねるという返事だった。しかも私の取材意図をさらに知ったうえでないと、自身の研究成果を共有することは即座にできないとの趣旨を伝えられた。

病室でのやり取りだったから、長い電話はできなかった。それまでけっこう、学者先生方を取材する機会はあったが、「これはあまりお目に掛かったことのないなかなかの難物だな」というのが、私の原への率直な第一印象だった。

しかし、それは無理もない反応だった。私自身、このとき、東京・六本木にある政策研究大学院大学（GRIPS）の学生として博士論文を仕上げる最中にあったので、自身の研究内容が第三者、特にマスコミに引用されることに神経質にならざるを得ない学者の心情はそれなりに理解できた。しかも、「密約問題がにわかに国民の注目を集める関心事になったのだから、二〇年前の研究成果をより詳しく明らかにしてほしい」と見ず知らずの新聞記者から急に言われても、すぐに合点が行くはずがない。

すぐさま取材にはこぎ着けられなかったが、それでも私にとって、この原との邂逅は大きな収穫であり財産となった。

何せ、野党の追及を逃れるために、「核持ち込み」の中に核搭載艦船の「通過・寄港」も含める〝とりつくろい〟を行っていたという重要証言が秘蔵のテープに残されていることが判明したのだ。

山田は安保改定当時の外務官僚トップであり、後には衆議院議員になって環境庁長官も務めた人物だ。そんな山田が野党対策を理由に「核持ち込み」の定義をねじ曲げて、世論操作を行っていたと明言している。

やはり安保改定の時点で、日本政府の上層部に、核搭載艦船の通過・寄港、つまり「機密討論記録」の「2項c」にある「現行の手続き」が事前協議の対象外であるとの認識が存在していたのか――私はこう確信した。そして、何とか秘蔵のテープを外務省の行う密約調査の表舞台に立たせなければならないと思った。

陸上に核を置くこと

原との電話の後、私は埼玉県所沢市にある彼のオフィスに分厚い封書を送った。核密約を主題とした私の博士論文の草稿と自著『盟約の闇』、それに民主党政権による日米密約調査の最初の引き金を引いた「四次官証言」を記した二〇〇九年五月三一日の配信記事、さらにこの配信記事の内容を詳述した雑誌『世界』〇九年九月号に寄稿した小論を、手紙とともに同封したのだ。

原との信頼関係構築なくして、私が秘蔵のテープにたどり着くことができないのは自明の理であり、とにかくまず原にジャーナリストである自分のことを知ってもらう、自分の熱意を理解してもらうしかないと考えての行動だった。

それが功を奏したのだろう。その後、電話でのやり取りで原は「あなたの思いはよく分かった。会おう」と取材に応じる姿勢を示してくれた。

ただ一方で、肝心の録音テープなど取材の詳細に関しては「まず会って話をしたい」とだけ答え、すぐさまテープを拝借できるかどうか、何とも心もとない返事だった。これまで多くのマスコミ取材を受けてきた原だろうが、やはり面識のない記者にはそれなりの警戒心を抱かざるを得なかったのだと思う。

こうした経緯を経て、ようやく原との面会がかなったのは二〇〇九年も年の瀬迫った一二月七日午後四時。原の仕事場がある埼玉・所沢の高層マンションの上層階だった。

晴れた日は富士山を眺望できる書斎。原と一通りのあいさつを交わし、密約の問題や安保改定の歴史的意味について互いが思うところを述べあううちに、やりとりは実質的な議論となり、どことなく心地よいものになっていった。①やはり岸や藤山は安保改定当初から、核搭載艦船の通過・寄港が事前協議対象に含まれないことを十分に認識していた、②改定時にイニシャル署名した「機密討論記録」には密約性がある——。

原と私の密約問題に対する見立ては、大筋で合致するものだった。

そしてしばらくすると、原は収納用クローゼットの扉を開け、中から黒い合成樹脂製の一本のテープを取り出した。訪問時には淡いオレンジ色の夕暮れ時を映していた窓の外は、すっかり漆黒の闇へと変わっていた。

原はテープを小型の録音再生機に入れ、この時から四半世紀以上も前の一九八一年一〇月一四日に収録した安保改定時の外務事務次官、山田久就の肉声を部分的に聞かせてくれた。

まず印象的だったのは、はつらつとした高音で山田に矢継ぎ早に質問を畳み掛ける原のインタビユーぶりだった。今や定年を間近に控える老学者が若かりしころ、新聞記者顔負けの気迫と洞察力あふれる問い掛けで、インタビュー対象者から次々に重要な証言を引き出している。原の声色はじつに生き生きしており、テンポよく質問を繰り出す原の調子に乗せられて、山田が明快かつ決然とした口調で答えている。

録音テープの中から、特筆すべきやり取りを以下に少し紹介したい。

原　トランジットは、通過は事前協議の対象にならないと？

山田　そういうことは問題にもならなかった。

原　問題にもならなかったんですね。これはもう、やっぱり皆さん一致してますね。通過っていうのは、イントロダクションっていうのは、あくまでも陸に揚げるということですね。

山田　陸上に大きな核兵器をね、持ってくるということがイントロダクション。通過なんていうのは問題じゃない。

原　ところがね、先生、その後にね、例の安保国会が始まるでしょ。安保国会が始まって四月ごろですけれども、赤城防衛庁長官が「トランジットも入る」と。「事前協議の対象になる」ということを言うんですね。それが外務省の高橋〔通敏〕条約局長の下で擬問擬答を作りますわね、あのときに「トランジットも入る」と入れちゃっているんですよ、実は。ですからそこで、取り繕っていたわけですね、日本側は。だけど正直なところ日米間の了解としては、了解というよりは、問題意識としては、トランジットは全然問題として入っていない。

山田　入っていない、そりゃもう。

原は「通過・寄港」を意味する「トランジット」が事前協議の対象ではないという日米間の裏合意の核心部分にズバッと切り込み、山田から「そういうことは問題にもならなかった」との明瞭な回答を引き出している。さらに驚くことに、山田は「イントロダクション」、日本語でいうところの「持ち込み」の定義について、安保改定交渉時から「陸上に大きな核兵器を持ってくること」との認識が日本側にあった事実を明言している。

二重の仕掛け

この山田証言を踏まえ、「機密討論記録（R・D）」の内容に再度立ち返ってみたい。

米軍の艦船や飛行機が安保改定以前から行っていた「現行の手続き」が事前協議の対象にならないことは「R・D」の「2項c」に書かれており、これまで説明してきたとおりだ。トランジットは事前協議の対象に「入っていない」と言い切る前記の山田証言からも、そのことが確認できる。

そして証言の中でより興味深いのは、「イントロダクション」の定義に対する山田の理解だ。実は、「R・D」の「2項a」にはこんな記述がある。

「〔合衆国〕軍隊の装備における重要な変更」は、中・長距離ミサイルなど核兵器の日本への持ち込み（introduction）、ならびにそうした兵器のための基地建設を意味すると理解される。たとえば、核コンポーネントのない短距離ミサイルなど非核兵器の持ち込みは意味しない。」

事前協議対象となる「合衆国軍隊の装備における重要な変更」の中に、核兵器の「イントロダクション」が含まれる点が明記してある。そして、核弾頭を搭載したミサイルが核兵器に該当し、核爆発を誘発する核分裂性物質部分を含まない弾頭はそれに当てはまらないとの定義付けがなされている。

それでは、ここにある「イントロダクション」という言葉が意味するところはいったい何なのか。陸上部分への搬入はもちろん「イントロダクション」に当たるだろうが、領海や港湾への持ち込みはいかに扱われるのか。「イントロダクション」の定義は、陸上への配置・貯蔵に限定した「狭義の持ち込み」なのか、それとも領海部分も含めた「広義の持ち込み」なのか。

「2項a」の記述だけでは、その点を完全に読み抜くことはできない。

こうした疑問に明快な「解」を与えてくれるのが、前記の山田証言にある「陸上に大きな核兵器をね、持ってくるということがイントロダクション」とのひと言である。

山田は原に対し、安保改定交渉の米側中心人物、マッカーサー大使と「ずいぶん意見交換した」と明言し、「R・D」を東京で作成したことを強く示唆している。つまり、当時の外務官僚機構のトップにいた山田は「2項a」の「イントロダクション」が意味するところをマッカーサーと擦《す》り合わせていたとみられ、それが「イントロダクション＝陸上への核兵器の持ち込み」という山田の理解につながっていたとみていい。

米側の意味する「イントロダクション」とはあくまで、「狭義の持ち込み」だったのである。したがって山田証言からは、「核持ち込み」の中身を定義付けた「2項a」に関し、「イントロダクションは陸だけ」というそれこそ「暗黙の合意」が日米間に存在し、その真相を国民に伝えないことで核密約が成り立っていったという構図が見えてくる。そして、外務省有識者委員会が最終報告書で重視した「2項c」、すなわち核搭載艦船の通過・寄港を従前通り行うことを申し合わせた条項によって、その密約性がさらに補強されていったと考えられる。

つまり、「2項a」と「2項c」という二重の仕掛けで核密約が構成されていた実態が読み取れるのだ。だからこそ私は、単に「広義の密約」などという曖昧模糊《あいまいもこ》とした概念で、こうした日米間の裏取引が成立しているという有識者委員会の結論には強い違和感を覚えざるを得なかったのだ。

ちなみに「2項a」と「2項c」の間に挟《はさ》まれた「2項b」は、核のイントロダクションと並んで、もう一つの事前協議対象である在日米軍基地からの戦闘作戦出撃に関する日米間の合意事項だ。

「2項b」には「『戦闘作戦行動』は、日本国から日本国以外の地域に対して行われるであろう戦闘作戦行動を意味すると理解される」とある。ただし、休戦状態ながら法的には戦争が続いている朝鮮半島への出撃については事前協議の対象とはならないとした、「朝鮮密約」が安保改定時に取り交わされており、有識者委員会はこちらを「狭義の密約」と断定した。

対野党戦術

一九八一年一〇月の原と山田のやり取りをもう少し紹介したい。

原　アメリカの言っていることは正しいわけなんだよね、ライシャワーの言っていることは。

山田　まさにそのとおりですね。

原　そうでござんすね。

（中略）

原　だけどマッカーサーはあれですね、私も本当についこの間見たんですけれども、トランジットを入れていないということを言ってますね。

山田　そんなこと問題にもならなかったですよ。だから少なくとも作ったときにはね、日米間の条約の対象じゃないですよ。これははっきり言っていいね（中略）

原　これは対野党のね、野党の戦術ですね。

山田　野党戦術ですよ。

原　国会では「トランジットは実は、全然われわれは考えてもいなかった」ということになると、〔野党から〕「わあーっ」と来るから、それで取り繕ったと言っちゃ悪いけれども、そこでそういうふうにしたんでしょうかね。

山田　やっぱりね……（筆者註・少し間をおいて）とにかく、われわれとしても、だんだん戦術核兵器なんていうものがね、出てきてるもんだからね。それから相手が持っているんだからね、ソ連がね。日本がどんなアレルギーがあろうが、つまりこっちでね、原則として〔非核〕三原則なんていう馬鹿な話はね、通る話ではないことは、そのときにそんなこと考えていないからね。それはもう、完全にイエスもあれば、ノーもあるということでね、そのときの状況によってはね。それが両国間の了解ですよ（以下略）

原の指摘する「ライシャワーの言っていること」とは、この年の五月一八日に毎日新聞の古森義久《こもりよしひさ》（現産経新聞）が報じた歴史的大スクープ、「ライシャワー発言」のことにほかならない。

ライシャワーは核兵器を積んだ米国の「航空母艦と巡洋艦」が日本に寄港していた実態を確認したうえで、「日本の政府は（核武装米艦艇の寄港、領海通航の）事実をもう率直に認めるべき時である」「日本政府は国民にウソをついていることになる」と古森に明言していた（「米、持ち込み寄港」毎日新聞、一九八一年五月一八日朝刊）。

原が山田にインタビューを行ったのは、この爆弾発言があってから約五ヵ月後。元大物大使による秘密の暴露で日本国内に衝撃が走ったことは山田の記憶に新しかったに違いない。当時、日本政府は「ライシャワー氏の個人的発言で、そうした事実はない」（園田直《すなお》外相）などとライシャワー発言の完全否定を決め込んでいたが、山田は「まさにそのとおり」とライシャワーの発言内容を全面的に認めている。

山田はまた、核搭載艦船の通過・寄港にあたる「トランジット」について「問題にもならなかった」と証言し、安保改定交渉の時点においては少なくとも、核搭載艦船が事前協議の対象になるとの認識は日本側にはなかったとまで断言している。

そして極め付きは、山田が「〔対〕野党戦術ですよ」と言い切っていることだ。

つまり「核搭載艦船の通過・寄港はあくまで事前協議の対象」との建て前に基づき、「米側から事前協議の申し出がない以上、核の持ち込みはない」との立場を日本政府が一貫して取ってきたのは、野党の追及を逃れる国会対策、さらに言うなら、内政運営上の方便にすぎなかったことを山田ははっきりと認めているのだ。

私には、この証言の持つ破壊力は決定的に映った。安保改定に深く関与し、「R・D」作成の当事者である山田によって、これまで歴代保守政権が国民につき通し続けてきたうその本質をまざまざと見せつけられた思いがしたからだった。

国民に客観的な事実を提示して、国民にとってより良き政策の形成を目指すのが、民主主義社会が本来求める政府の役割であり機能であるはずだ。しかし山田の話を聞いていると、政策決定の中枢にそんな意識はさらさらない。

とにかく国会をスムーズに運営することに絶対的な優先順位を与え、野党の追及で国会審議をストップさせないためには平気でうそもつき、多少のとりつくろいは責められるどころか、政府内では時に是とすらされる。しかも、国会でうそを一度つけば、最後までつき通さなくてはならない。さもなければ、過去の国会答弁との整合性が問題視され、国会審議は紛糾、内閣は総辞職に追い込まれかねない——。

かくも内向きな思考で、政権運営のための政策づくりや国会対策が恥ずかしげもなく、しゃあしゃあとまかり通っている。民意不在は言うに及ばずである。

テープを聞いていると、軽快な調子で巧みに質問を繰り出す原に乗せられて、山田がためらう素《そ》振《ぶ》りもなく次々に重要証言を行っている様子が目に浮かぶ。しかもその中身はじつに重大であり、官僚機構に統制されてきた戦後日本の民主主義のありさまを考えるに深遠にして余りある。

山田は被爆国の国是である非核三原則についても「馬鹿な話」と一蹴し、米軍による核兵器の陸上搬入についても「イエスもあれば、ノーもある」と明言している。同盟の盟主が差し掛ける「核の傘」にしがみつき、国防の要諦を「核のパワー」に依存する。そんな戦後保守政権と外務官僚機構の〝核兵器信仰〟の神髄が透徹できる。

釈然としない思い

しかし驚いたことに、こんな山田証言が、有識者委員会の最終報告では満足に顧みられることはなかった。先に全文を掲示した、山田証言に基づく二〇一〇年一月二二日の特ダネ記事「国会対策でうその答弁」の配信を行った後、私は密約調査を進めている有識者委員会がきっとこの記事に注目するだろうと内心大いに期待していた。そしてこの山田証言が、政府を挙げた密約問題の真相究明に少なからず寄与するだろうと確信していた。

だがまことに残念なことに、この記事の配信後、有識者委員会はすぐさま原の秘蔵テープにアクセスしなかった。テープの中身を原が文字に起こしたトランスクリプトが委員会の手元にわたったのは、密約問題の最終報告が公表されるわずか一一日前だったのだ。委員会の調査は外務省内に眠り続けた密約関連の膨大な外交文書の精査に重点が置かれていたため、外部の史料を使うことには慎重だったのかもしれない。

ただそれでも、この証言を無視するという選択肢はなかったと思う。原は山田以外にも、安保改定時の外務省安保課長、東郷文彦が「持ち込みというのは陸に置くこと」と証言するテープも持っていた。

「事前協議の対象」イコール「核持ち込み」イコール「核の陸上配備」イコール「核搭載艦船の通過・寄港は事前協議対象外」――という〝密約の方程式〟を、二人の重要人物の肉声で裏付けることは十分にできたはずだ。

核密約を「広義の密約」とした有識者委員会の結論に、私が釈然としない思いを抱いたのは、こうした経緯があったからだった。

米側が「機密討論記録（R・D）」をもって意味するところ、つまり「現行の手続き」に該当する核搭載艦船の通過・寄港を事前協議の対象としないという核心的なポイントは、山田や東郷の証言からも明らかだ。仮に「現行の手続き」が具体的に何を指すのか、日米間に明確な合意が存在しなかったとしても、「R・D」の「2項a」にある「イントロダクション」の対象に核搭載艦船が含まれないことを日本側の交渉担当者が熟知していた事実は疑いようもない。

やはり「R・D」は密約としての性格を帯びているのだ。

それでも、「R・D」を正式な密約文書とみなす考え方が、安保改定時の外務省全体に浸透していたわけではないだろう。「R・D」の「2項c」の意味するところを、安保改定の中心人物である岸、藤山自身がどこまで認識していたのかも、山田・東郷証言からは明らかではない。有識者委員会の調査に伴い外務省が公開した膨大な外交文書からも、「R・D」を密約文書だと日本側がはっきり認定していた形跡はなく、有識者委員会が核密約を「狭義の密約」と断定するまでに至らなかった事情もそれなりに理解できないわけではなかった。現に私は、有識者委員会が最終報告を公表した翌日の朝刊向けに、委員会の調査結果を好意的に論じた大型解説記事を書いている。その結語にはこうある。

「外交官出身で20世紀の偉大な歴史家、E・H・カーは『歴史とは現在と過去との間の尽きることを知らぬ対話だ』との名言を残した。狭い定義だけを採用せず、国民への説明責任や『国家のうそ』という観点から密約をとらえた報告書は、同時代を生きる者の感性を重視したカーの教訓を反映したものと言えるのかもしれない」（太田昌克「『同盟の闇』動かぬ史実に」二〇一〇年三月九日共同通信配信）

「R・D」を密約文書と認めず、核密約をあくまで「広義の密約」と性格付けた有識者委員会の調査結果報告。一〇年かけて核密約問題を追い掛けてきた私にとって釈然としない部分は残ったが、外務省内に残された文書からは「R・D」に対する岸と藤山の認識が判明しなかった以上、「やはり行政組織がお膳立てした調査ではこれが限界だろう……」などと自身に言い聞かせていた。右の記事で「狭い定義だけを採用せず」と、あえて書いたのもそのためだった。

だが、「広義の密約」なる薄弱《はくじゃく》かつあいまいな裏合意によって、「イントロダクション＝陸上に核を置くこと」という〝肝〟の解釈が常識的に成立するのだろうか。そして、「広義の密約による狭義の持ち込み」という構図が歴史の真実を本当に正しく表しているのだろうか。

私にはどうしても納得がいかなかった。

やはり岸は知っていた

二〇一〇年三月九日の有識者委員会の最終報告後、世の中の関心は密約調査の過程で明らかになった重要文書の欠落問題へと移っていった。本来存在するはずの、改定安保条約調印前後の重要文書が有識者委員会の調査では見つからず、密約問題の真相を覆い隠すために、何者かが意図的に破棄した可能性も指摘されるようになった。

密約調査を命じた岡田外相の関心もこれに移り、岡田は文書欠落問題に関する新たな調査委員会を立ち上げた。

本章の冒頭で取り上げた国際政治学者の黒崎輝からのメイルが届いたのは、こうして密約調査そのものに幕引きムードが漂っていた四月末だった。そして黒崎の送ってきてくれた米側文書には、

「条約交渉の時点で、機密討論記録2項cの意味は、岸と藤山によって明確に理解されていた」と紛《まぎ》れもなく明記されていた。

やはり「R・D」の核心部分である「2項c」の意味するところに、岸と藤山は気付いていたのである。

有識者委員会が「広義」とした密約が「狭義」のものであったことを物語る動かぬ証拠といえた。五月に共同通信OBで委員会メンバーの春名幹男《はるなみきお》に黒崎の米側文書を見せる機会があったが、彼も思わず息をのみ、文書の記述に驚いていた。春名は共同通信のワシントン支局長や特別編集委員を歴任した密約問題のプロで、私が最も尊敬する有数のジャーナリストだ。

そして私は六月二五日、以下の特ダネ記事を配信した。有識者委員会の最終報告公表から数えて一〇八日目のことだった。

◎安保改定時から密約認識
核持ち込み「明確に理解」　岸首相、藤山外相　米国務省秘密書簡　有識者委の結論覆す

米軍核搭載艦船の日本領海への通過・寄港を容認した核密約に関連し、一九六〇年の日米安全保障条約改定時に、藤山愛一郎外相が米国と交わした「秘密議事録（筆者註・機密討論記録のこと）」について、岸信介首相と藤山外相が密約だと認識していたことを示す米国務省文書が二五日までに見つかった。同議事録には、通過・寄港を日米間の事前協議の対象外としたい米側の意向を反映した条項が盛り込まれており、文書は岸、藤山両氏がこの意味を「明確に理解していた」と記している。

安保改定時に日本側に密約の認識があったことを示す文書の発見は初めて。日米密約に関する報告書を三月に公表した外務省有識者委員会は、安保改定の三年後の六三年四月、ライシャワー駐日米大使が大平正芳外相に「寄港は核持ち込みに当たらない」と伝えて以降「暗黙の合意」が固まり「広義の密約」になったと認定した。今回の文書はこれを覆す内容だ。

文書は、六三年三月一五日付で在日米大使館のアール・リッチー1等書記官が国務省の日本担当官ロバート・フィアリー氏に送った秘密書簡で、福島大の黒崎輝准教授が米国立公文書館で発見した。

リッチー氏は、安保改定交渉に関与したフィアリー氏が六二年二月一二日に送った書簡を引用する形で「安保改定交渉時、岸、藤山（両氏）は秘密議事録2項Cの意味を明確に理解していた」と記述している。

「2項C」は、安保改定以前から行われていた軍艦船や軍用機の通過・寄港、飛来に関する「現行の手続き」を事前協議の対象外と規定。米側は核搭載艦船もこれに含まれるとの立場を当初から取っており、秘密書簡はこうした米側解釈を岸氏らが容認していた事実を伝えている。

書簡はまた、フィアリー氏の指摘を受け、大使館側が「2項C」に関する日米間の協議内容を記した文書の存否を調べたが、見つからなかったと報告。「第七艦隊の艦船や航空機に搭載された核兵器の問題はあまりにも政治的に機微」だったとして、日米協議がマッカーサー駐日大使と岸、藤山両氏との間に限られ、記録を意図的に残さなかった可能性に触れている。（共同＝太田昌克）

この記事のポイントは、見出しの一部にもあるように、岸と藤山が「R・D」の「2項c」によって米側の意味するところを「明確に理解」しており、「R・D」そのものが密約文書であり、核密約を「広義の密約」と認定した有識者委員会の結論を覆すという点にあった。「R・D」についてその詳細を理解していたのは、山田や東郷ら事務方のみならず、政権の中枢にいる政治家も米側の真意をはっきりと把握していたのである。

終わりなき調査報道

私はこの記事と同時に、もう一本の記事を別途用意していた。それは、私が米国在住のリサーチャーであり友人の切石《きりいし》博子に調査を依頼して、米国立公文書館から入手した別の米公文書を基に書き上げた記事だった。核密約イコール「狭義の密約」という新たな説を展開するための、いわば二の矢だった。

その記事（二〇一〇年七月一日配信）も以下に転載したい。

◎日本側「ひそかに同意」
首脳会談用資料に明記　六一年、ケネディ政権　日米核密約

米軍核搭載艦船の日本への通過・寄港を認める核密約に関連し、一九六〇年の日米安全保障条約改定後に登場したケネディ米政権が、六一年の池田勇人首相との首脳会談用資料として、艦船や航空機に積んだ核兵器を日米間の事前協議の対象としない点について「日本政府は実際、ひそかに同意している」と明記した内部文書を作成していたことが一日、分かった。

共同通信がワシントン郊外の米国立公文書館で文書を入手した。

安保改定の時点で日本側が核密約の内実を認識していた実態が、安保改定を担当したアイゼンハワー政権からケネディ政権に引き継がれていたことを示す内容。最近、別の米国務省文書から、安保改定時の岸信介首相らが密約性を認識していた事実が判明しており、これを補強する新証拠だ。

文書は、六一年六月二〇日からの日米首脳会談に備え、政策上の争点をまとめた同月一四日付の秘密メモ。将来、米原子力潜水艦の日本寄港を実現させることを目指し、国務省の日本担当者が、ケネディ大統領に助言するため作成した。

秘密メモは、米原潜の日本寄港が望ましいとする一方、日本の世論に安保反対機運が生まれる恐れを指摘。反対派が艦船上の核問題を取り上げれば「核兵器に関することは何にでも強く反対する日本人の大多数が共鳴する」と危惧（きぐ）している。

その場合、「米艦船の日本への進入をめぐる、申し分のない現在の取り決めが危険にさらされ得る」と予測。核持ち込みは事前協議対象だが、「日本に立ち寄る艦船、航空機上の（核）兵器は問題としないとの点について日本政府は実際、ひそかに同意している」とし「日本国民はこの秘密の取り決めを知らない」と明記している。（共同＝太田昌克）

安保国会の混乱を受け、改定日米安保条約の自動発効と同時に退陣表明した岸の後任として首相に就任した池田勇人。その池田との首脳会談を目前に控えた大統領、ジョン・F・ケネディのために作成された秘密メモに、核搭載艦船の通過・寄港を事前協議の対象としないことで日本政府が「ひそかに同意している」と明記されている。しかも秘密メモは、こうした日本側との合意事項を「申し分のない取り決め」とまで表現している。「核のパワー」を誇示する大国の冷悧《れいり》な本音を垣間見ることができる。

このメモは、外国トップとの会談を前に大統領が目を通す重要文書である。根も葉もない、いいかげんな内容が書かれているとはとうてい考えられない。黒崎が送ってきてくれたリッチーの秘密書簡と同様、「R・D」に仕込まれたからくりを日本の政権中枢が把握していた実態を、この秘密メモは伝えている。

岡田が主導した日米密約調査は終わった。有識者委員会の結論に真正面からチャレンジした二つの記事を報じた直後の二〇一〇年七月二日、私は外務省の記者会見で岡田にこの点を質問する機会に恵まれた。

しかし、前記の報道内容を知っていたとみられる岡田は「非常に興味深い話だと思う」と新文書に関心を示しながらも、米側の文書なので「検証のしようがない」「新たな資料が出てきたことは一つの事実だと思うが、それをもって直《ただ》ちに何か言えることでは必ずしもないと思う」と答えるだけだった。

それでも岡田はこうも語った。

「今後、さらにいろいろな資料が新たに発見されることによって、事実関係が明らかになっていくのではないかと思う」

正直、岡田の言うとおりだと思う。けっして、「官」や「政」の調査で史実が確定したと思ってはならない。

「盟約の闇」は想像していた以上に深い。カーの言葉にあるがごとく、「尽きることを知らぬ対話」を通してしか、歴史の闇に光を当てることはできないのだ。

地道な調査報道にけっして終わりはない。

第4章

「使えない核」

——二〇〇九年一一月一三日

オバマ米大統領が初来日、出迎えた鳩山由紀夫首相と握手する（2009年11月13日）

オバマ初来日の朝

米国の大統領が初めて日本にやってきたのは一九七四年一一月一八日。共和党のリチャード・ニクソン大統領がウォーターゲート事件で失脚したため、副大統領から昇格した第三八代大統領ジェラルド・フォードが、ロッキード事件につながる金脈スキャンダルで辞職の瀬戸際にあった田中角栄首相と東京・元赤坂の迎賓館で首脳会談を行ったのが最初だ。

それから時が流れ、約四〇年。フォードの後任であるジミー・カーター（民主党）、ロナルド・レーガン（共和党）、ジョージ・H・W・ブッシュ（共和党）、ビル・クリントン（民主党）、そしてジョージ・W・ブッシュ（共和党）の歴代大統領が途切《とぎ》れることなく、大統領専用機エア・フォース・ワンで太平洋を越えて東京の地に降り立っている。

日米安保条約改定に伴う「安保闘争」で日本が騒然となった一九六〇年、ドワイト・アイゼンハワー大統領の訪日が計画されたが、事前調整のために東京を訪れたジェームズ・ハガティー・ホワイトハウス報道官が羽田空港でデモ隊に取り囲まれるという騒ぎが起き、大統領訪日が取りやめになった経緯がある。日本の対外的な威信は傷つき、反対運動に抗する形で安保改定を実現した岸信介首相はほどなく総理の座を後にする。このときから大統領の訪日実現まで、一五年近くもの歳月を要したことになる。

私自身が最初に大統領訪日を取材したのは、ブッシュ大統領（子）が小泉純一郎首相と会談した二〇〇二年二月一八日だ。
大統領訪日は日本政府にとっての一大イベントだ。都内は厳重警備が敷かれ、国会や中央官庁が集まる霞が関周辺は特に物々しい雰囲気に包まれる。マスコミも総掛かりで取材を行い、来日直前から離日するまで、大げさな言い方かもしれないが、大統領のまさに一挙手一投足を追い掛ける。二〇〇二年二月、大手メディアの外務省担当記者が詰める「霞クラブ」に在籍しながら、取材の一端を担った自分も、どことなく高揚した気分でブッシュ大統領訪日前後の数日間を過ごしたのを覚えている。

黒人初の米大統領、バラク・オバマが大統領として最初に日本を訪れたのは、二〇〇九年一一月一三日。

手元にある記録を手繰《たぐ》ると、私はこの日、いつもどおり午前六時ごろに起床している。私は毎朝の慣行として、まず机に向かいパソコンを開きメイルをチェックする。時差の関係で昼夜が逆転しているワシントンから届くメイルにいち早く目を通し、向こうのオフィスアワーが終わるまでに、なるべく返事をする必要が時に生じるからだ。

この日も画面を見ながら指先でキーを叩く、いつもと変わらぬ作業を行った。すると、シンクタンクのニュースレターも含めて米国から届いた十数通のメイルのうち、一件、とても気になるメイルが送られてきていることに気付いた。

ここではニュースソースを保護するために、メイルの送り主が誰であるかを明らかにはしない。

送り主が自身の素性と関与が表ざたにならないことを切望しているためだ。ただこの送り主が核問題に精通し、米政府や議会にも独自の情報源を持つ著名な米国人専門家であることを付記しておきたい。互いにファーストネームで名前を呼び合い、私がたまに米国へ出掛ければ、昼間からビールで一杯やりたくなる仲である。オバマ訪日の朝七時二三分に届いた彼のメイルにはこうある。

「メモを一通添付した。どうかこのメモは表に出さないでほしい。メモを所持していることも口外しないように。ただし間接的にメモを使ってもらうのは構わない」

いささかもったいを付けた言い回しである。ただ、添付ファイルを開いてメモを読み始めると、彼の言わんとするところの察しがついた。メモは日米間の核政策に絡《から》む、ちょっとやっかいな代物だったからだ。

そうか、このメモを基に取材して、書いてある内容を記事にしろということか。ただメモを持っている人間は限られているから、その存在について口外してほしくはないんだな――。「核なき世界」を標榜《ひょうぼう》するオバマのやってくる長い一日の始まり。しかし問題のメモを読み終わった後、自分の頭の中はすでに、大統領の訪日どころではなくなっていた。

二〇〇九年二月の非公開審議

これから詳述する、このメモを端緒とした一連の政策論争は二〇一三年の現在、すでに収束している。だからメモの存在自体やその概要を以下に記しても、このメモを送ってくれた専門家にはさほど迷惑はかかるまい。専門家本人も、その点を了承してくれている。それでもこの専門家の実名はもちろんのこと、文中に登場する一部の固有名詞に関しては、ここではあえて明記することを控えさせていただく。なぜなら、オバマ訪日の朝以来、このメモが存在しないことを前提に取材を進めたため、メモに登場する複数の人物から「バックグラウンド」を条件にインタビュー取材を行った経緯があるからだ。

メモの日付は二〇〇九年二月二七日。Ａ４判にしてわずか二ページの英文の文書だ。表題には「日本の政務担当公使との議論」とある。

メモは、一九九〇年代のクリントン政権下で国務省政策企画局長を務めるなど、米民主党の外交安全保障政策に対して大きな発言力を誇示してきた米戦略家モートン・ハルペリンに、彼のスタッフがあてたものだった。

メモが書かれた二〇〇九年当時、ハルペリンは超党派の賢人会議「米国の戦略態勢に関する議会委員会（戦略態勢委員会）」のメンバーを務めていた。戦略態勢委員会は一〇年以降の核超大国、米国の中期的な核戦略を検討するため、米連邦議会が設置した超党派の専門家会議で、委員長をウィリアム・ペリー（民主）、副委員長をジェームズ・シュレジンジャー（共和）の両国防長官経験者が務め、メンバーはハルペリンを含む総勢一二人の戦略家で構成された。問題のハルペリンあてメモは、この戦略態勢委員会での審議内容を記したもので、委員会の審議そのものは当時、非公開で行われていた。

メモの内容を具体的に説明する前に、戦略態勢委員会の設立背景と米政府内における役割について、もう少し言及しておきたい。

配備していない予備用の核弾頭も含めて二〇一二年現在も五〇〇〇発近い核兵器を保有する米国は、クリントン政権時代の一九九四年以降、五～一〇年先の核戦略の青写真を描いた政策文書「核態勢の見直し（通称NPR＝Nuclear Posture Review）」を策定し、米連邦議会に報告してきた。

民主党のクリントン政権がまとめた一九九四年のNPRは東西冷戦が終結して初めて策定された核戦略で、大きな注目を集めたが、結果的に米国の核戦力に抜本的な見直しを迫る変化は見られなかった（九四年NPRの概要はJanne E. Nolan, *An Elusive Consensus: Nuclear Weapons and American Security after the Cold War*, The Brookings Institution, 1999を参照。以下、核弾頭に関するデータはHans M. Kristensen and Robert S. Norris, "US nuclear forces, 2012," *Bulletin of the Atomic Scientists*, May/June 2012を参照）。

冷戦後の米核戦略と「三本柱」

歴代の日本政府が依存してきた「核の傘」の〝出力源〟となる米核戦力は、「トライアッド（Triad＝三本柱）」と呼ばれる三つの長距離型の戦略核兵器で構成される。

①三本柱のまず一つ目は、モンタナやワイオミング、ノースダコタの米西部三州にある地下発射施設から、モスクワや北京の中枢機能を瞬時に壊滅できる大陸間弾道ミサイル（ICBM）だ。

五五〇〇キロメートル以上の飛行距離を誇るICBMは固定発射型の地上配備核であるため、核戦力としての「安定性」が高い半面、敵の第一撃や反撃にもさらされやすく、「脆弱性《ぜいじゃくせい》（もろく弱いこと）」の面で問題を抱える核兵器システムだ。二〇一二年段階におけるICBM「ミニットマンⅢ」の数は四五〇基。オバマ政権が一〇年にロシアと調印した新START（戦略兵器削減）条約を受けて、一八年には四〇〇基となることが、米軍部に通じる核専門家によって指摘されている。

②三本柱の二つ目は、SLBMと呼ばれる潜水艦発射弾道ミサイル。海中深くに身を潜《ひそ》め、いざ有事が発生したら、海中からSLBM「トライデントⅡ」を発射するオハイオ級戦略原子力潜水艦（SSBN）は、米国が誇る核抑止力の「屋台骨」とも呼べる存在だ。

固定型のICBMとは違って、世界の海を股に掛けて作戦航行を行うSSBNに搭載されたSLBMは、「脆弱性」が小さく「生存性」に優れた核兵器とされる。海中に潜《もぐ》っているため、ロシアなどの敵国にしてみればSLBMは神出鬼没であり、先に居場所を特定して先制攻撃を仕掛けることが難しいからだ。だからいざ核戦争が勃発したら、水中に隠れてできるだけ生き長らえ、広大な海域をベースに縦横無尽に動き回り、敵の主要な標的を破壊することが求められる。

米国が日本や韓国に提供している「核の傘」も、このSLBMに負うところが大きい。冷戦中に全面核戦争が起きていたら、空からSSBNに核攻撃命令を伝達する空中指揮機が横田（東京）や嘉手納《かでな》（沖縄）の米軍基地を拠点に核戦争計画を遂行することになっていた（太田昌克『日米「核密約」の全貌』筑摩選書、二〇一一年、九一－九三ページ）。

二〇一二年時点で米海軍は最新式のトライデントⅡD5を二八八基配備、これらのミサイルに搭載された核弾頭数は一一五二発で、単純計算するとトライデント・ミサイル一基に四発の核弾頭が搭載されていることになる。

ミサイルを運ぶSSBNは合計一四隻（うち二隻は修理保全中）あり、一隻に二四基のミサイルが搭載されている。ミサイル一基に四発の核弾頭が載っていると計算すれば、わずか一隻の潜水艦に、広島型原爆の五〇〇倍を優に超える破壊力が備わっていることになる。東京電力福島第一原発事故で広範囲に広がった放射能被害を考えると、SSBN数隻で地球を壊滅状態に追い込むことも可能だろう。どう考えても、その殺傷破壊能力は過剰であり、異常である。

③三本柱の最後は、敵陣の懐《ふところ》目掛けて長距離飛行した後に核攻撃を仕掛ける戦略爆撃機だ。

南部ルイジアナ、中西部ミズーリ、北西部ノースダコタの各空軍基地に配備されている戦略爆撃機はB2とB52。二〇一二年の時点で、それぞれ一六機と四四機が実戦可能な核攻撃能力を備えているとみられる。一〇年一一月には、ノースダコタのマイノット空軍基地に駐留する飛行部隊がグアムに半年間配備され、中国や北朝鮮を睨《にら》む西太平洋においても作戦能力があることを密《ひそ》かに見せつけた。戦略爆撃機は有人であるため、「柔軟性」がある。一度ボタンを押すと後戻りが利かないミサイルと違って、状況に変化が見られれば、「核のボタン」を握る大統領が核戦争をつかさどる戦略軍司令官を通じて、核を敵陣に落とす予定だった戦略爆撃機を呼び戻すことができるからだ。

一九四八年のベルリン危機の際、米国がソ連を心理的に牽制《けんせい》するためB29戦略爆撃機を英国に派遣したことがある。だがこのときは実際に核爆弾を搭載しておらず、威嚇目的で戦略爆撃機が使われたことは広く知られているところだ（Scott Sagan, *Moving Targets*, Princeton University Press, 1989, p.15; Gregg Herken, *The Winning Weapon*, Alfred A. Knopf, 1980, pp.258-259）。

戦略態勢委員会

三本柱に関する説明がやや長くなったが、冷戦後初となった一九九四年のクリントン政権下での核戦略見直しでは、六〇年代から続く三本柱態勢に抜本的な変化は見られなかった。このことは、世界最強の核超大国が、冷戦終結という千載一遇のチャンスを核戦略の大幅刷新に活《い》かせなかったことを意味する。

クリントンの後にはブッシュ（子）が八年ぶりに共和党政権を率いることになり、政権の座に就《つ》いた二〇〇一年には自身のＮＰＲを策定するが、その大きな特徴は次のようなものだった。

①生物・化学兵器といった大量破壊兵器（ＷＭＤ）を持つ国（具体的には北朝鮮、イラン、シリア、当時のイラク）にも核使用を辞さない
②地下にある堅牢《けんろう》な標的を確実に破壊できる核攻撃能力を開発する
③民間人への副次的な被害を極力小さくするため、爆発力の小さな核兵器の開発を目指す

これらの特徴はいずれも、核兵器の役割を増大させることを意味した。ピーク時の一九六〇年代

には三万発以上の核を保有した米国とはいえ、大統領が「核のボタン」を押すことは極限状態における究極の選択肢であり、核使用の対象も冷戦中は、米本土を核攻撃できるソ連に加え、その衛星国、そして中国に基本的に限られていた。

しかし①に見られるように、生物兵器と化学兵器を核兵器と同じ「大量破壊兵器」という範《はん》疇《ちゅう》でくくり、核を持たない敵対国にも必要に応じて容赦なく核攻撃を仕掛ける攻撃的な核戦略が描かれている。冷戦後のWMD拡散問題やケニア、タンザニアの米国大使館への大型爆弾テロも経験したクリントン政権は一九九〇年代後半、生物・化学兵器保有国への核使用を必ずしも排除しない政策に傾くが、ブッシュ政権はその方向性をより鮮明にした。

②は、北朝鮮やイランなどブッシュ政権が「ならず者国家」と呼んだ国の指導者が地下に潜って「良からぬたくらみ」を企てないよう、地下施設への壊滅的な破壊力を持つ核戦力を保持することで、いわば「ならず者の聖域」を奪う目的がある。テロリストへの核攻撃も念頭に置いており、地下施設の壊滅を狙った新型核「強力地中貫通型核（RNEP）」を開発することで、米中枢同時テロを引き起こしたアルカイダの地下拠点をも標的に収めようとしたが、RNEP開発は連邦議会の反対で挫折する。

②に加えて、③もじつにたちが悪い核使用政策だ。長崎への原爆投下以来、米国の歴代大統領が「核のボタン」を押せなかったのは、たった一発でも壮絶な破壊力と殺戮力を持つ核兵器を使えば、無数の無辜《むこ》の民を傷つける帰結をもたらすことが免れないからだ。歴代米大統領は一回でもボタンを押すことが、第二次世界大戦後、長らく堅持されてきた「核のタブー（忌避）」の崩壊につ

ながることを認識していたとみられる。しかし③の概念は、爆発力を局限化して民間人の殺傷をなるべく抑制することで、核兵器をより使いやすくする、つまり「使える核」の誕生を促す結果になりかねない。

核兵器は明らかに通常兵器に比べて、使用する者にとって精神的に乗り越えなくてはならないハードルが圧倒的に高い。したがって、核使用の「敷居」をできるだけ高く保ち続けることで、核はそう易々《やすやす》と使うことはできないという「核のタブー」を普遍化することができる。そして、そうしたタブーの普遍的な確立こそが、核兵器を「必要悪」ではなく「絶対悪」とみなすことにもつながる。

しかし③はそんな考え方を真っ向から否定しており、ブッシュ政権の核政策を当時ワシントンで取材していた私は内心、「これはとんでもない政策だ」と強い反発と嫌悪感を覚えたものだ（以上、ブッシュ政権のNPRや核政策に関しては太田昌克『アトミック・ゴースト』講談社、二〇〇八年、第3、4章を参照）。

かなり遠回りをしてしまったが、ハルペリンらが参加した戦略態勢委員会は、こうした米国の核戦略の変遷を踏まえながら、ブッシュ政権退任後の二〇〇九年一月二〇日に誕生する新政権の描くべき新たな核戦略に関し、専門的見地から提言を行うことを目的として設立された。いわば、新たな核政策を模索する賢人会議といえた。

国防長官を歴任したシュレジンジャーやペリーはじめ共和、民主両党を代表する戦略家が、この賢人会議でいかなる提言を行うのか、大統領選が佳境を迎える二〇〇八年から、その議論の趨勢《すうせい》が多くの専門家の耳目を集めていた。〇九年一月に政権の座に就く新大統領も当然、一目置かざるを得ず、その議論の中身が次のNPRに影響を与えるのは必至と見られていたからだ。

「タカ派」の重鎮

この戦略態勢委員会を率いたシュレジンジャーに二〇〇九年七月二九日、インタビューする機会があった。

このときすでに八〇歳になっていたシュレジンジャーは、一九七〇年代から現在に至るまで、米歴代政権の核政策に隠然たる影響力を行使してきた戦略家だ。共和党のリチャード・ニクソン政権では国防長官と中央情報局（CIA）長官、民主党のジミー・カーター政権ではエネルギー長官を務めたワシントンの大物インサイダーでもあり、米本土が焦土と化す全面核戦争を回避しようと、限定核戦争の選択肢を唱えた「シュレジンジャー・ドクトリン」の主唱者としても知られている。

冷戦が終結してもなお、「核の脅し」に全面的に依存した国防政策に固執し、大量破壊兵器を開発・保有する反米国家、場合によってはテロリストにまで核攻撃を辞さない勢力が依然、米国内には健在だ。シュレジンジャーはそんな「核のタカ派」の重鎮とも呼べる存在である。

米軍事産業が集まるバージニア州北部の一室で私と向かい合ったシュレジンジャーは、オバマ大統領がこの年四月五日にチェコ・プラハで唱えた「核なき世界」をこう一刀両断にした。

「〈核なき世界は〉実現しない。現時点で核なき世界に向かう条件が整っていないからだ。何かの奇跡で廃絶できても、核製造のノウハウまでは抹殺できない。核なき世界はより危険なものだ……〈戦争放棄を誓った〉不戦条約がある。一九二九年の条約発効から二年後に日本は満州を奪取した。条約に拘束されていると感じなかったからだ。発効八年後には日中戦争も始まった。〈核なき世界も〉同じような理想主義、空想主義だ」

はるばる日本から訪れた記者に対し、わざわざ大日本帝国による満州侵略の事例を持ち出して、「核なき世界」など幻想にすぎないと容赦なく切り捨てる。

鋭い低音を冷たく響かせるシュレジンジャーはさらに言葉を続けた。

「米国は大胆な核兵器の削減などできない。米国の『核の傘』の下にいる日本などへの〈防衛〉義務を果たすことが難しくなるからだ。米国が核を減らせば、自身の核能力を開発しようという国が出てくるだろう」

ジェームズ・シュレジンジャー元米国防長官

このインタビューが行われた二ヵ月前の二〇〇九年五月、戦略態勢委員会は議論の結果をまとめた最終報告書を公表していた。最終報告書は急激な核削減に否定的な見解を示し、オバマが「プラハ演説」で早期実現を目指すと表明した包括的核実験禁止条約（CTBT）批准をめぐっても、委員の間で賛否が拮抗《きっこう》した。

また委員会は、「核の傘」の弱体化を恐れる日本との間で、核戦略をめぐる二国間協議を開始することを提唱した。米国は一九六〇年代から北大西洋条約機構（NATO）内に設けられた「核計画グループ（NPG）」などの枠組みを通じて、欧州同盟諸国とは核戦略に関する協議を深掘りしてきたが、日本との間にはそうした対話メカニズムがなかった。冷戦時代から米国が差し掛ける「核の傘」に必死にしがみついてきた日本ではあったが、「傘」がもたらす抑止力を検証する詰めた戦略論議を米国との間で、ほとんど行ってこなかったわけだ。

なお、この日米二国間協議をめぐる提言は、オバマ政権が二〇一〇年四月に公表するNPRの中で採用されることになる（The Congressional Commission on the Strategic Posture of the United States, *America's Stragegic Posture*, United States Institute of Peace Press, 2009）。

核トマホーク

さらにシュレジンジャーらがまとめた最終報告書には、こんな一節が出てくる。

「アジアにおける拡大核抑止（筆者註・『核の傘』のこと）はロサンゼルス級攻撃型潜水艦に搭

載された核巡航ミサイル・トマホーク（筆者註・略称『TLAM／N』）によるところが大きい。〔核巡航トマホークに対する〕兵器維持の措置が講じられないと、この能力は二〇一三年に退役することになる……われわれ委員会の調査から、いくつかのアジアの同盟国がTLAM／Nの退役を非常に憂慮するであろうことが明らかになった」（The Congressional Commission on the Strategic Posture of the United States, *America's Strategic Posture*, p.26）

シュレジンジャーは私に対し、ここに出てくる「アジアの同盟国」とは、日本のことにほかならないと明言した。

米ソ対立が激しかった冷戦時代、小回りの利く攻撃型原子力潜水艦に搭載されて太平洋や日本の領海を作戦航行していた核巡航トマホークは、ブッシュ（父）大統領が一九九一年に公表した「ブッシュ・イニシアティブ」によって核弾頭「W80」が外され、核攻撃能力を奪われる格好となった。しかし将来の極東有事再燃に備えて、「W80」が米西海岸の海軍基地に貯蔵され、朝鮮半島、台湾情勢がきな臭くなれば、いつでもトマホークに再搭載して即時配備できる態勢を取っていた。冷戦の残滓《ざんし》であるはずの核巡航ミサイルが完全退役とはならず、冷戦構造が払拭できない東アジアの安全保障環境を考慮して一部が温存されたわけだ（太田『アトミック・ゴースト』、九七ページ；The Joint Chief of Staff, *Doctrine For Joint Nuclear Operations*, draft, March 2005）。

私がワシントンにいた二〇〇三〜〇七年、核巡航トマホークに関しては、あまりいい評判を聞くことがなかった。その持ち主である海軍の中にも、メンテナンスの費用ばかりがかかるわりには現実的に使い道のないやっかいな兵器という見方が根強かった。

冷戦終結後、米軍内において核兵器に実戦上の有用性があると見る考え方は減少している。特に局地戦での使用を想定した短距離型の戦術核については「無用の長物」との認識すら広がっている。

手元にあるワシントン特派員時代の取材メモを読み返しても、そのことは明白だ。冷戦の産物である「W80」について、米上院軍事委員会の上級スタッフは二〇〇七年二月一五日の取材でこう語っている。

「カートライトと海軍はW80の退役を主張した。しかしブッシュ政権内でコンセンサスが得られず、退役の決定は次期政権に持ち越されることになった。LEP（Life Extension Program、寿命延長計画）の是非をめぐる決定は、これで先送りとなった」

「LEP」とは、三〇年ほど前に製造・配備した核弾頭に改良を加えることで、さらに今後二〇〜三〇年の延命を目指す保守・修繕プログラムのことだ。

核弾頭が確実に健全性を保つことができるのは、だいたい三〇年程度とされており、それを過ぎた核弾頭はLEPを施すことで寿命の先延ばしが図られている。米国はここ十数年間、新しいタイプの核兵器を開発・製造しておらず、LEPを通じて主に冷戦時代に製造・配備した核戦力の性能を維持している。

なお、右記の発言に出てくる「カートライト」とはジェームズ・カートライト海兵隊大将のことだ。二〇一一年に退役したカートライトの軍内最終ポストは統合参謀本部副議長、つまり米軍制服組ナンバー2としてオバマ大統領に直接、軍事的な助言を行う地位にあった。

そのカートライトは二〇〇七年の時点で戦略軍司令官を務めており、核超大国米国の核戦略と核戦争計画を統括する核部隊の現場トップだった。現役を退いた後は、大胆な核削減を提唱している。

奇妙な構図

現在、海兵隊は自分たちが直接運用する核兵器を保有していない。いわば核作戦とは比較的縁遠い存在だが、そんな海兵隊出身者が核戦争を指揮する立場にある戦略軍の最高位に就くのは異例のことだった。

私もかつてカートライトに一時間ほどインタビューをしたことがある。合理的な計算の基に実益や効率を重視する経営者的センスを持った改革マインドの強い軍人で、インタビューをしていても答えがストレートでじつに歯切れがいい。

カートライトは戦略軍司令官だったときに、核搭載されている長距離型弾道ミサイルを核のない通常型ミサイルに転用するアイディアを提案したことで知られる。これは、世界最強を誇る米核戦力の総元締《そうもとじ》めが、みずからが手中に収める核兵器の有用性を疑い、「脱核戦力化」を推進しようとする特筆すべき軍部内のトレンドを物語っている。

使った場合の政治的・経済的リスク、倫理的コストを考えると、「核のボタン」を握る大統領にとって核兵器使用のハードルはきわめて高い。

プロの軍人として、非現実的な軍事的選択肢をいつまでも大統領に提示し続けるのは心苦しい。使うのにより心理的なハードルの低い、通常戦力型の長距離ミサイルを配備することで、より現実性と柔軟性を米軍の攻撃力に持たせよう――というのが、彼の狙いだったと考えられる。

カートライトは保守的な軍部内でも、従来の政策や既存の概念に囚《とら》われない進取の気性に富む軍人だったことは間違いない。そうだとしても、核戦力を本来擁護する立場にある戦略軍司令官が、「脱核化」を訴えたことは私にとって衝撃的だった。

そんなカートライトや、トマホークを実際運用する海軍が、もはや軍事的な意味がないとして「W80」の退役を主張しているのに、核戦力信仰に厚いブッシュ政権内の保守的な文民高級官僚はこれを簡単に手放そうとしない。先の上院軍事委員会上級スタッフの言葉は、米政府内のこんな奇妙な構図を解説していた。

実際戦争が起きたらみずからの命を差し出す立場にある軍人が、使い勝手の悪い「無用の長物」をさっさとお払い箱にして、より実戦的価値の高い通常兵器を欲しているにもかかわらず、実際は戦地で戦うことのないシュレジンジャーのような「核のタカ派」が冷戦思考丸出しで、冷戦の残滓である核戦力の温存に拘泥《こうでい》する。

しかも「核のタカ派」は、「日本をはじめとする同盟国に『核の傘』を提供するために核巡航トマホークが依然必要」と訴えているのである。戦略態勢委員会が「いくつかのアジアの同盟国がTLAM／Nの退役を非常に憂慮するであろう」と最終報告書に明記したのも、こうした「核のタカ派」の旧態依然の論理がまかり通った結果だった。

なお地形を考慮しながら陸上を半《なか》ば這《は》うように二〇〇〇キロ以上を飛行する核巡航トマホークは、あまり信頼性のおける兵器ではない。

この点は、米モントレー国際問題研究所ジェームズ・マーティン不拡散研究センターの核専門家ジェフリー・ルイスが二〇〇九年にまとめた小論「核トマホークの問題点」が詳しい。世界の「核オタク」が注視するウェブサイト「アームズ・コントロール・ワンク」を主宰するルイスは小論の中で、二〇〇三年のイラク戦争において、核を搭載しない通常型トマホークが対イラク攻撃に使われたが、約一〇発が本来の軌道から外れ、隣国のトルコやサウジアラビア、イランに墜落した事実を紹介している。二〇年以上前の技術を使ったトマホークの複雑な誘導システムにもともと問題があるが、全地球測位システム（GPS）を使ったトマホークもいくつか軌道を外れたという。

米国は敵国のジャミング（通信妨害）を恐れて、核攻撃時にはGPS機能を使わないことにしているという。仮に朝鮮半島で有事が起き、核巡航トマホークが太平洋や日本海に展開する攻撃型潜水艦から発射されたとしたら、そのいくつかが日本や韓国に間違って打ち込まれる事態もまったくの笑い話ではなくなる（Jeffrey Lewis, "A Problem with the Nuclear Tomahawk," 2009, Arms Control Wonk website)。

政務担当公使との面会

ここでようやくとなるが、本章の冒頭に紹介したハルペリンあてのメモに話を戻そう。二〇〇九年二月二七日付のメモ「日本の政務担当公使との議論」はこんな書き出しで始まる。

「私は水曜にあった委員会の全体会合に続いて、日本大使館に新たに着任した政務担当公使、タケオ・アキバとの会合に臨んだ。アキバ公使は二人の大使館員を従えていた」

メモの書き手である「私」とは、ハルペリンのスタッフを務めるキングストン・リーフ。ワシントンのシンクタンク「軍備管理・不拡散センター」に在籍する核問題の専門家だ。

文中にある政務担当公使の「タケオ・アキバ」は秋葉剛男。外務省で条約課長、中国課長などを歴任したキャリア外交官だ。日米同盟を「外交の基軸」と位置付ける外務省は、ワシントン駐在の政務担当公使にキャリアの中でも特に有能な人材を登用する。秋葉はもともと米国研修を経た「条約畑」「アメリカ畑」の外交官だが、近年ぎくしゃくしがちな日中関係を建て直すべく、中国研修組である「チャイナ・スクール」出身でないにもかかわらず中国課長に抜擢《ばってき》されるなど、霞が関でも「精鋭中の精鋭」と目される外交官だ。

メモは二月二七日付だが、「水曜にあった委員会の全体会合に続いて」とあることから、秋葉と戦略態勢委員会の「会合」は二日前の二五日にあったことが分かる。

メモは続けて、秋葉ほか二人の在米日本大使館員が、戦略態勢委員会の委員長ペリー、副委員長のシュレジンジャー、委員会メンバーのキース・ペイン、ジョニー・フォスター、ハリー・カートランド、さらに委員会スタッフのブラッド・ロバーツ、ウェイド・ボーズ、そしてメモの筆者であるリーフらと面会した様子を綴《つづ》っている。

ここに出てくる米側参加者の一部に少し解説を加えたい。

ペリー、シュレジンジャーはすでに登場済みなのでここで説明を繰り返さない。キース・ペインはブッシュ（子）政権時代の国防副次官補で、先ほど詳述したブッシュ政権の核戦略である二〇〇一年版ＮＰＲの策定中心者だ。シュレジンジャーと同様、「核のタカ派」であるペインは、核戦力を増強する中国に対する警戒心がとりわけ強い。〇一年に出版した著書の中で「中国の指導者は台湾の独立を阻止するモチベーションが非常に高いため、危機発生時に米国は北京の軍事行動を抑止できそうにない」と指摘しており、対ソ抑止とは違う次元で対中抑止力強化を図る必要があるとの持論を展開、その後ブッシュ政権入りした（Keith B. Payne, *The Fallacies of Cold War Deterrence and a New Direction*, The University Press of Kentucky, 2001）。

ジョニー（ジョン）・フォスターは、「水爆の父」であるエドワード・テラーが創設した核研究機関「ローレンス・リバモア国立研究所」の所長を務め、一九六五年にリバモアを去った後も歴代政権の核政策形成に絶大なる影響力を行使してきた人物だ。有名なのは、リチャード・ニクソン政権時代の七〇年代に彼が座長を務めた「フォスター委員会」だ。フォスターはこのとき、ニクソンの片腕として返還後の沖縄への核持ち込みに関する日米密約を結んだヘンリー・キッシンジャーの意向を踏まえ、限定核戦争の選択肢を提唱している。

ブラッド・ロバーツはオバマ政権誕生後、国防総省入りし核・ミサイル防衛政策担当の副次官補の要職に就いた。オバマ政権のNPRを策定した重要人物である。

ウェイド・ボーズもオバマ政権下で国務省のスタッフとして政権入りし、政権一期目で国際安全保障政策を担当したエレン・タウシャー国務次官の側近として、オバマ政権下の核戦略作成に関与した。ボーズはもともと、老舗の米シンクタンク「軍備管理協会」出身の核専門家だ。

なおハルペリンはこの会合には出席していないが、彼は一九六〇年代のジョンソン政権の時代から、政府内の要職と民間を往復し続け、歴代政権の核政策に深く携わってきた民主党系戦略家の大御所であることを付け加えておきたい。

こんな米核政策のキーパーソンと在米政務担当公使の秋葉は、いったいどんな話をしたのか。

三ページのメモ＝「欲しいものリスト」

ハルペリンあてのメモによると、日本側出席者は戦略態勢委員会メンバーとの会合の冒頭、「米国の拡大核抑止に関する日本の見解を概括した三ページのメモ」を配付している。

この「三ページのメモ」の全容は明らかになっていないが、デンマーク出身の在米核専門家、ハンス・クリステンセンは「日本政府関係者が、〈戦略態勢〉委員会に対し、太平洋における米国の核能力について（中略）『欲しいもののリスト』を入れたペーパーを提示した」と月刊誌『世界』への寄稿で明らかにしている。おそらく「三ページのメモ」とクリステンセンの言う「ペーパー」は同一のものと考えていいだろう（ハンス・クリステンセン、訳・解説田窪雅文「日本の核の秘密」『世界』二〇〇九年一二月号）。

世界中の「核オタク」の中で、クリステンセンのことを知らない者はまずいないだろう。現在、ワシントンの著名シンクタンク「全米科学者連盟（ＦＡＳ）」に籍を置くクリステンセンは、核戦争による地球滅亡の日まで「何分」残っているかを示す「終末時計」で有名な専門誌『ブレティン・オブ・ジ・アトミック・サイエンティスツ』に、核保有国の核保有状況をまとめた「核データブック」を定期的に発表している核問題の世界的第一人者だ。

数ある国家機密の中でも最も厚い「秘密のベール」にくるまれた各国の核戦力情報を入手するのは、並大抵の所業ではない。クリステンセンは米国をはじめとする各国の政府当局者や軍事関係者への独自のパイプを生かしながら、きわめて精確な現代核情報を私たちに提供してくれている。

私はクリステンセンと知り合って一〇年近くになるが、彼の優れた仕事の中でも特に衝撃を覚えたのは、「米国の核の傘の下にある日本」と題した一九九九年の論文だ。クリステンセンは「ＦＯＩＡ」の略称で知られる米情報自由法を駆使して得た米軍文書などを基に、冷戦時代に米ソ間で核戦争が勃発した場合、日本の国土がいかに深く米核作戦計画に組み込まれることになっていたか、その詳細を克明に記している。私自身が核密約問題を足掛け一〇年にわたって追究するに当たり、クリステンセンのこの論文は重要な道標の一つとなった（Hans M. Kristensen, *Japan Under the US*

Nuclear Umbrella, The Nautilus Institute, A Working Paper, July 1999)。

なお『ブレティン・オブ・ジ・アトミック・サイエンティスツ』の「終末時計」は二〇一二年初頭、一分進んで残り「五分」となった。「終末時計」は、第二次世界大戦時の米原爆開発計画「マンハッタン計画」に参加しながらも日本への原爆投下にショックを受けた科学者が創刊した同誌によって、一九四七年に考案されたものだ。最も時計の針が進んだのは米ソ両国の水爆実験成功を受けて残り「二分」となった五三年。同誌は二〇一二年、ノーベル賞受賞者一八人に相談したうえで針を動かしており、その理由をこう説明している。

「核なき世界」への道筋がまったく見えず、核廃絶へ向けた取り組みに世界の指導者は失敗している――。

核軍縮・核不拡散分野で目立った進展をあげられない核保有国の政治リーダーの怠慢を問題にしており、深刻化するイランと北朝鮮の核問題も多分に影響している。東京電力福島第一原発事故も針が進んだことと無縁ではないだろう。

米軍と米議会に通じるクリステンセンによると、「核の傘」の堅持を求める日本側が戦略態勢委員会に示した「欲しいもののリスト」には、核戦力の性格をめぐる以下の要素が含まれていた（クリステンセン「日本の核の秘密」）。

信頼性　近代化された核弾頭を含め、信頼性を持つ戦力
柔軟性　さまざまなターゲットをリスクにさらす能力
対応性　非常事態に迅速に対応する能力
ステルス性　戦略原潜および攻撃原潜の配備
可視性　B2、B52のグアムへの配備
十分性　潜在的敵国を思いとどまらせる

いずれの要素も、米国が日本に差し掛ける「核の傘」の弱体化を阻止しようとの狙いで提起されたものだ。

「信頼性」を求めるということは、「核の傘」が本当に信用に足るものかどうか、「傘」に守られる側の論理でその有効性の確認を求めることを意味する。そして日本外務省が、その「信頼性」を「近代化された核弾頭」はじめ、兵器として確実に機能する核戦力によって裏打ちするよう米側に要求していたことが分かる。

また米核戦力に「柔軟性」や「対応性」を求めたのは、発射台車両を使った移動式ミサイルを保有する中国や、深い地下に軍事戦略拠点を構える北朝鮮を意識しての動きだろう。これは、捉えどころのない標的を確実に仕留められる核攻撃能力こそが、「核の傘」の実効性と信用性を増大させるという核戦略上の論理に根ざしている。

「可視性」は敵の目に見える形で核戦力のプレゼンスを示すことで、「核の脅し」の効果を上げよ

うという戦略概念だ。

「十分性」を求めたのは、「核なき世界」を標榜するオバマ大統領の下でも米国には中国や北朝鮮を圧倒できる核攻撃力がある実態を誇示することの重要性を、米側に確認したかったからだろう。日本に下手にちょっかいを出そうものなら、十分な核戦力によって完膚なきまでにたたきのめす――。「十分性」と「可視性」の担保によって、こんな脅しのメッセージを中国や北朝鮮に送ることができると外務省は踏んだのだろう。

説明を後回しにしたが、「ステルス性」は、忍者のように敵に対し身を隠しながら、こちらの攻撃力を保持して相手に反撃する能力を堅持する軍事的な性格のことだ。核戦略上の専門用語である「生存性（サバイバビリティ）」に通じる概念でもある。仮に敵国が最初に核攻撃を仕掛けてきて、米本土にあるＩＣＢＭや戦略爆撃機の基地を破壊されても、海中に身を潜めることのできる米オハイオ級戦略原潜の核攻撃能力が安泰ならば、敵国の核戦力や司令拠点への核報復能力が温存される。これも「核の傘」の「信頼性」を担保する要素だ。

そしてここでより重要な問題は、日本外務省が「欲しいものリスト」で示した「ステルス性」の中に「戦略原潜」に加え、「攻撃原潜」の「配備」が含まれている点だ。

利用された被爆国

「欲しいものリスト」に「攻撃原潜の配備」が含まれていることが、どうして重要な問題なのか。

それは、ここまで詳述してきた核巡航トマホーク「TLAM／N」を搭載できるのが、攻撃（型）原潜にほかならないからだ。

日本大使館の政務担当公使らと面会したシュレジンジャーはじめ「核のタカ派」は、「ステルス性　戦略原潜および攻撃原潜の配備」との文言が「欲しいものリスト」に明記されていたのを見て、内心「ニヤリ」としたに違いない。「攻撃原潜の配備」によって米核戦力の「ステルス性」を増強するよう求める日本側の要望をもってして、「日本政府は核巡航トマホークの退役を望んでいない」と解釈することが可能だからだ。

私が入手したハルペリンあてのメモからも、そのことが窺《うかが》える。メモにはこうある。

「秋葉公使への質問は、会合に出席した委員が以前から抱いている見方を確認できるよう、不正な回答を得るべく仕組まれていた。これらの委員の大半は、米国の拡大核抑止に対する日本の見解を最も極端に描こうとする傾向がある。来月の委員会の会議において、ペイン博士とシュレジンジャー博士、そしてフォスター博士は以下のように誇張すべく、〔日本側との〕協議内容を取り上げることはほぼ間違いないだろう。

1）いくつかの米国の同盟国は米国の拡大核抑止の信頼性に深刻な懸念を抱いている

2）日本には、もし米国の拡大核抑止の信頼性が失われれば、他の安全保障上の選択肢が検証されなければならない、と信じている者がいる

3）日本には、TLAM／Nや低爆発力の地中貫通型兵器といった、米核戦力の持つ特有

の性格が、拡大核抑止にとりわけ役に立つと考えている者がいる（以下省略）」

「核の傘」堅持を求めて日本側が示した「欲しいものリスト」を見てほくそ笑んだシュレジンジャーらが、核戦力を重要視する従来からの持説を有利に展開しようと、秋葉ら日本大使館関係者に対して誘導尋問まがいの質疑応答を行っていたことが読みとれる。

ハルペリンあてのメモにある、シュレジンジャーらと日本大使館関係者のやり取りがあったのは、二〇〇九年二月二五日。オバマ大統領がチェコ・プラハで「核なき世界」を志向する政治的意思を明らかにし、段階的な核軍縮措置を講じていく考えを示した「プラハ演説」は同年四月五日だ。したがって「プラハ演説」の約四〇日前に前記のやり取りがあったことになる。

それでもオバマは二〇〇八年の大統領選挙戦中から、世界的な核廃絶目標を「米国の核政策の中心的な要素」に位置付けていくと宣言しており、シュレジンジャーら「核のタカ派」はオバマ政権が大胆な核軍縮政策に舵《かじ》を切ると予測し、懸念を深めていたに違いない（"Arms Control Today 2008 Presidential Q&A: President-elect Barack Obama," *Arms Control Today*, Vol.38, Number 10, 2008）。

そうした中で日本の外交官が、オバマ政権も注視する戦略態勢委員会に現れ、米国の今後の核戦力には「ステルス性」が必要だと意見具申し、「攻撃原潜」に核配備する選択肢の堅持に言明した。我田引水と言ってはやや単純すぎるが、オバマの核軍縮路線を危惧《きぐ》するシュレジンジャーらはこうした同盟国日本の要望を巧みに利用して、「使えない核」である核巡航トマホーク「TLAM／N」の退役引き延ばしを図ろうとした構図が、先に引用したメモの記述から読み取れる。

米国の「核の傘」に守られている日本が「米国の拡大核抑止の信頼性に深刻な懸念を抱いている=前記1)」状況下で、今後「核の傘」の「信頼性が失われれば、他の安全保障上の選択肢=前記2)」を日本が講じるかもしれない。つまり日本が日米同盟べったりではなく、独自核武装に動く恐れも否定できず、そうさせないためには、「TLAM/Nや低爆発力の地中貫通型兵器といった、米核戦力の持つ特有の性格=前記3)」を保持し続けなくてはならない——。

「核のタカ派」はこんなふうにして、「傘」にしがみつく被爆国政府の主張を自分たちに都合よく再構成し、TLAM/Nなど既存の核戦力を核軍縮圧力から守る予防線を張ろうとしたのだった。

なお前記3)にある「地中貫通型兵器」だが、米軍は現在、バンカーバスター・タイプの地中貫通型核兵器として、一九九〇年代のクリントン政権時代に製造・配備された「B61-11」を保有している。

この「B61-11」は地下貫通力が数メートルにすぎず、使用した場合は、フォールアウト(放射性降下物)の影響で周辺地域に甚大な二次被害をもたらす公算が大きい。ブッシュ(子)政権の国防長官、ドナルド・ラムズフェルドは「B61-11」を「非常に汚い兵器」と呼んだことすらある。

そのため、先にも少し触れたように、ブッシュ政権はより地下貫通力があり、敵の地下拠点を一撃で仕留め、なおかつ二次放射能被害をなるべく抑制できる新型核「強力地中貫通型核(RNEP)」の開発をもくろんだが、連邦議会の反対で頓挫《とんざ》した(太田『アトミック・ゴースト』第4章)。

「誘導尋問」、「同盟国日本の要望を巧みに利用」、「我田引水」と書くと、シュレジンジャーら「核のタカ派」ばかりが何やら腹黒い輩との印象を読者の皆さまに持たれてしまうかもしれない。真相はそんなに単純ではなく、もっと根深い。次の章ではハルペリンあてのメモをさらに引用するとともに、周辺取材も踏まえながら、「核の傘」を堅守しようとした日本外務省による〝ロビー工作〟を掘り下げてみたい。

トマホークミサイルの実物大模型が展示される会場に集まった「反核軍縮東京集会」の参加者（1983 年 10 月 24 日）

第 5 章

ロビー工作

——二〇〇九年二月二五日

2009.02.25

Mind-Blowing

オバマ政権の発足後間もない二〇〇九年二月二五日に開かれた米戦略態勢委員会の議論を、引き続き追うことにしたい。委員会メンバーのモートン・ハルペリンにあてられた前出のメモには、「核のタカ派」で元国防総省高官のキース・ペインが在米日本大使館幹部とのやり取りを終えた後、こう興奮ぎみに話した様子が綴《つづ》られている。

「議論の後、キース・ペインは〔委員会スタッフの〕ウェイド・ボーズと私（筆者註・メモの筆者であるキングストン・リーフのこと）に対し、たった今われわれが聞いた話は『恍惚《こうこつ》となる（mind-blowing）』内容だったと語り掛けた。ペイン博士は、日本人がこれほどまでに明け透けに自分たちの懸念について語ったのを聞いたことがなく、これほど精緻《せいち》かつ単刀直入に自分たちの懸念を書面にまとめて回覧したこともない、と主張した」

在米日本大使館幹部が、この日の戦略態勢委員会からの意見聴取に当たり、三ページのメモを用意していたことには前章で触れた。そしてメモの中で日本側は、「核の傘」を担保する米核戦力の「信頼性」や「柔軟性（さまざまな標的をリスクにさらす能力）」、「対応性（非常事態に迅速に対応する能力）」、「ステルス性（敵に気付かれぬよう身を潜める能力）」、「可視性（戦略爆撃機の配備などにより核能力を見せつけること)」、「十分性(抑止効果を裏書きする十分な戦力)」の重要性を訴えていた。

さらにハルペリンあてメモによると、日本大使館サイドは、「核の傘」の信頼性に対する「深刻な懸念」が一部同盟国内に存在し、核巡航ミサイル・トマホーク(TLAM/N)や低爆発力の地中貫通型核が「核の傘」の信頼性を増大させると示唆していた。

そして、「傘」の信頼性向上を求める日本政府高官の主張に「核のタカ派」であるペインが、自身の持論とも重なる部分が多いことから、「わが意を得たり」の心境に至ったことが、ハルペリンあてメモのくだりから窺《うかが》える。

後に詳述するが、ハルペリンあてのメモは必ずしも百パーセント正確ではない。日本側の主張はもう少しニュアンスが微妙で、日本側出席者の一人は「個別の核兵器」を具体的に明示して「核の傘」の堅持・強化を委員会側に求めたつもりはない、と私の取材に言明している。

それでもペインらの目には、「柔軟性」や「ステルス性」、「可視性」の重要性を明瞭に訴えた日本側のプレゼンテーションが「mind-blowing」、つまり「恍惚」として聞き入るほどじつに見事で鮮烈に映ったのだった。

思考停止

東西冷戦の時代から、核の問題をめぐって日本政府は一種の思考停止状態にあったといっていいのかもしれない。

すなわち、先制攻撃を仕掛けた敵に対しては十分な核戦力で反撃し、耐えがたい損害を与えるという「相互確証破壊（ＭＡＤ）」の理論に基づき、米ソ間の核抑止体制が曲がりなりにも機能していると考えた日本の外交・防衛当局は、米国の「核の傘」にさえわが身を委ねておけばいちおうの安定・安全が確保できると考え続けてきた節がある。というのも、外務省安全保障課長として一九七六年に閣議決定された「防衛計画の大綱」の策定に深く関わり、その後同省北米局長などを歴任した佐藤行雄元国連大使が、かつて私にこう語ったことがあるからだ。

「日本はとても米国の核戦略や核の配置について議論するとか、核戦略について議論するとかではなかった（中略）米ソの相互抑止が効いていれば安心だった」

同盟の盟主である米国が保証した「核の傘」がいつしか日本政府にとって金科玉条のごとき存在になっており、米核戦略の特質や米核戦力の配置など「傘」の実態を裏書きする要素をみずから検証する意思が日本側になかったことが分かる。

佐藤は「〔日本での中心的な議論は〕核といったら持ち込みを断るという話だった。いちばん重要だったのは潜水艦、核を搭載した船が寄港するのは持ち込みか持ち込みでないか。（中略）国会でもっぱら議論になるのはそこであって、だからとても米国の核戦略や核の配置について議論するとか、核戦略について議論するとかではなくて、『日本にある米軍基地には核兵器はないな』と。そこだけが政治の焦点だった」とも付言している。

要は、MADを所与のものとして物事を考えていた米ソ冷戦時代、日本政府は「核の傘」をはじめ核に関する問題はおおかた米側に丸投げし、みずからがその実効性について真正面から問い質《ただ》したり、その信頼性を根本から疑ってみたりすることはなかった。

東西冷戦構造の内政状況への投射である五五年体制の下では、保革両陣営が鋭く対立する中、核の問題といえば、「核持ち込み」の有無にほとんどすべての国内議論が集約された。そのため、「傘」の根拠がいったい何なのか、みずから検証することもなければ、それについて米国と突っ込んだ議論を行うこともなかったというのが、日本の核政策の実情だったのだ。

なお、日米間で「核の傘」をめぐる本格的な議論の場がようやく持たれるようになったのは、二〇一〇年に入ってからのことだ。〇九年七月一八日に開かれた日米安全保障高級事務レベル協議（SSC）で、抑止力の在り方を日米間で定期的に話し合っていくことが内定し、一〇年二月以降、両国の外務、防衛当局の実務者が「抑止協議」を定期的に開催するようになった。これは、冷戦時代から「核の同盟」を組む北大西洋条約機構（NATO）諸国に加え、日本や韓国との間でも核の問題を正面切って取り上げ、戦略的な対話を掘り下げようというオバマ政権の対日・対韓同盟戦略に負うところが大きい。

ペインがこうした日本の戦後安保史にどこまで詳しいか定かではないが、思考停止状態が長らく続いた同盟国日本が、「核の傘」という日米安保の根幹に触れるテーマに関して明確に自身の見解を述べ、やや抽象的な言い方とはいえ、米国の核戦力に対して期待や注文を表明したのは「核のタカ派」にしてみれば、じつに歓迎すべき事実だった。核軍拡競争に象徴された冷戦の終結から時が経過して久しいうえ、「核なき世界」を志向するオバマ大統領の登場で、ますます〝失地〟が増えそうな「核のタカ派」にとって、戦略態勢委員会で行われた日本大使館のプレゼンテーションは言うなれば、「得がたき援軍」だった。

なぜなら「『核の傘』堅持を切望する立場から、主要な同盟国日本は『米国は核戦力をむやみに減らすな』と主張している」との議論を米国内で惹起《じゃっき》し、さらなる核削減を求める意見に対する外圧に利用できるからだった。

「ナーバス」な被爆国

リーフはハルペリンあてメモの中で、日本大使館幹部らとの会合のポイントを箇条書きにしてまとめている。重要な箇所をメモからそのまま抜き出し、若干の解説を加えながら、問題点を整理していきたい。

・日本は明らかに、中国と北朝鮮がもたらす脅威を不安に思っている。

このくだりからは、二〇〇六年と〇九年、そして一三年に核実験を強行し、日本を射程に収める弾道ミサイル・ノドンへの核搭載も懸念される北朝鮮、さらには前年度比二桁台の伸びで着実に軍拡を進める核保有国、中国の「脅威」を背景に、日本側が「核の傘」の堅持を訴えたことが分かる。

二〇一一年末に亡くなった金正日総書記の下で、北朝鮮は名実ともに核保有国になったと断定していい。過去の核実験をいかに評価するかは多くの意見があるところだが、想定を下回る爆発力であろうが、核爆発、つまり核分裂性物質であるプルトニウムを起爆行為で臨界させたことの意味はどんなに過小評価しても、北朝鮮が核製造能力を獲得したことを歴然と物語っている。

しかも二〇一〇年一一月には、核開発の拠点である寧辺《ニョンビョン》に新設したウラン濃縮施設を米核専門家、シーグフリード・ヘッカーに視察させている。このことは、北朝鮮が従来のプルトニウムとは別に、濃縮ウランを使ったもう一つの核開発ルートを手にしたことを意味する（Siegfried S. Hecker, "A Return Trip to North Korea's Yongbyon Nuclear Complex," Center for International Security and Cooperation, Stanford University, November 20, 2010）。

・日本の当局者は、米国が配備している核弾頭の一方的な削減が、日本の安全保障に逆効果をもたらす恐れがあるとナーバスになっている。

米国が「一方的な〔核〕削減」に踏み切れば、中国や北朝鮮を封じ込める「核の傘」が弱体化し、日本の安全保障にも支障が出かねないとの懸念が、日本側から戦略態勢委員会に表明されたことを示唆する記述だ。

オバマ大統領はこの会合の四〇日後、あの有名な「プラハ演説」を行い、彼の「核なき世界」のメッセージは世界中の核軍縮推進派や平和愛好者を熱狂の渦に巻き込む。この歴史的な演説でオバマは、唯一の原爆投下国として米国には「行動する道義的責任がある」と言明、「核兵器のない世界における平和と安全」を追求していくことを世界に約束する。と同時に一方で、「自分の生きている間には〔核廃絶の〕目標にはたどり着けないだろう」と断言したり、「核兵器が存在する限り、米国は敵を抑止するために安全かつ確かで効果的な核兵力を維持する」と強調したりするのは、自身のことを「ナイーブでない」と表現するリベラル系現実主義者のオバマらしい（Remarks by President Barack Obama, Hradcany Square, Prague, Czech Republic, April 5, 2009, The White House website）。

それでも核拡散や核テロといった新たな核時代の脅威を封じ込めるために、「核なき世界」のビジョンとその必要性を明快に論じる米大統領の誕生は、「核の傘」に依存し続けてきた日本の保守的な外交官や政策担当者の目にはきっと、いささかやっかいなものと映っただろう。

この戦略態勢委員会と日本大使館幹部の会合はプラハ演説の以前に持たれているが、オバマは大統領選挙戦中から核不拡散や核テロ対策の強化のみならず、核軍縮への積極姿勢を表明していた。当然、日本政府はこうしたオバマの考え方を深く分析していたわけで、シュレジンジャーら米国の「核のタカ派」と同様、大統領就任後に大幅な核削減に動くかもしれないオバマの動向を警戒し、右のメモの記述にあるように「ナーバス」になっていた可能性がある。

中国の影

さらにリーフのハルペリンあてメモを読み進めてみよう。

・しかしながら秋葉氏は、日本側と事前の緊密協議が持たれ、中国の核戦力の拡大や近代化が留意される限りにおいて、米国が作戦配備する戦略核弾頭の「大幅な削減（deep cuts）」に反対する姿勢を示さなかった。米国が作戦配備する核戦力の規模が数千発台で中国の保有量よりも多いことに鑑みれば、米国は拡大抑止力を損なうことなく、相当な核削減が行えそうだ。秋葉氏は、米国が中国に関与することに反対しないとも強調した。しかし彼はまた、そうした〔米中間の〕話し合いの形式や中身をめぐって、日本側が驚くような事態には直面したくないとも強調した。

ここに記録されていることは興味深い。米国の核保有総数は計約五〇〇〇発、これ以外に約三〇〇〇発の廃棄・解体待ちの退役弾頭がある。実際に作戦使用可能な約五〇〇〇発のうち、配備されている長距離型の戦略核は二〇一二年三月一日時点で一七三七発ある。残りは短距離型の配備済み戦術核約二〇〇発と配備されていない予備用の核弾頭だ。もう一方の核超大国、ロシアが配備している戦略核は同日時点で一四九二発。ロシアはほかにも、約二〇〇〇発の戦術核を保有しているのに加え、配備されていない予備用の戦略核が一〇〇〇発弱、廃棄・解体待ちの退役弾頭が約五五〇〇発あるとされる（U.S. Department of State, Fact Sheet, "New START Treaty Aggregate Numbers of Strategic Offensive Arms," April 2012; Hans M. Kristensen and Robert S. Norris, "Russian nuclear forces, 2012," "US nuclear forces, 2012," *Bulletin of the Atomic Scientists*, March/April, May/June 2012)。

数千発単位の核戦力を誇る米ロ両国に対し、中国の核戦力は約二四〇発とされる。核はたった一発でも数万人単位で無辜の民を殺傷する「絶対悪の兵器」。たとえ二四〇であっても、とても少ないとはいえないが、冷戦終結から二〇年以上が経過した現在も米ロの核保有数が、中国のそれと比べて圧倒的に多いことが分かる (Kristensen and Norris, "Chinese nuclear forces, 2011," "US nuclear forces, 2012," *Bulletin of the Atomic Scientists*, November/December 2011, March/April 2012)。

リーフのメモにある先の記述からは、シュレジンジャーらと向かい合った日本大使館幹部がこうした米国と中国の非対称な核戦力状況を踏まえて、オバマ政権が「大幅な〔核〕削減」を進めたとしても、日本への「核の傘」にたちまち重大な支障は出ないとの認識を示していたことが分かる。

一方で政務公使の秋葉は、米国が中国に対する「関与」政策を推進するに当たっては「日本側が驚くような事態には直面したくない」、つまりアジアの主要同盟国である日本の頭越しに中国との関係強化に動かないでほしいと、米国の対中政策にクギを刺している。

自身の「裏庭」とみなす南シナ海はもちろんのこと、西太平洋でも権益拡大の足掛かりを得ようとする中国の野心的な動きに対し、今でこそ警戒心を強くするオバマ政権ではあるが、発足当初は経済と安全保障の両面にわたって中国との関係深化を模索していた。オバマ大統領と胡錦濤《こきんとう》国家主席の首脳間合意に基づき二〇〇九年七月末には、閣僚級はじめ多数の高官が参加する「米中戦略・経済対話」の初会合がワシントンで開かれた。

この動きは、通貨や貿易などの経済分野だけでなく、安全保障・外交分野でも米中が手を取り合う「G2時代」の到来を予感させた。オバマはこの「米中戦略・経済対話」の初会合で、「米中間の関係が二一世紀を形づくる」と演説している。この演説の持つ衝撃は日本側関係者に小さくなかった。「大統領にこうはっきり言われるとショックだ」と、複雑かつ忸怩《じくじ》たる内心を当時、私に吐露した外務省高官もいる。

日本にとって、米中接近にまつわる苦々しい思い出は一九七一年の「ニクソン・ショック」だ。泥沼化するベトナム戦争の収束へ向けて中国との和解が不可欠と考えたリチャード・ニクソン政権は、七〇年代に入って対中秘密外交を展開する。ニクソンの片腕である大統領補佐官、ヘンリー・キッシンジャーの七一年七月の極秘訪中を経て、七二年二月にはニクソンみずからが中国を訪問、日本にとっては文字どおり頭越しの秘密外交が繰り広げられた。

当時を知る日本の外交官にとって「ニクソン・ショック」は忌まわしい思い出にほかならない。そしておそらく、秋葉ら外務省の後輩にもそのDNAが少なからず伝承されているはずだ。複雑怪奇な米中関係史をめぐる屈折した思いと、対中国関係において時に日本を袖《そで》にする米国への警戒心。「日本側が驚くような事態には直面したくない」との言葉には、そんな日本外交の本音が凝縮されていた。

「準NATO並み」に

リーフのハルペリンあてメモによると、日本大使館幹部はシュレジンジャーらに対して、「北大西洋条約機構（NATO）の「核計画グループ（NPG）」のようなハイレベルの協議（コンサルテーション）を米国と持ちたい」とも訴えた。

NPGとは一九六〇年代に創設された、核政策をめぐってNATO同盟内でコンサルテーションを深める常設の協議機関だ。NATOのホームページには「核計画グループは同盟内の核政策に関する決定を行い、その核政策は新たな進展に照らし合わせて絶え間なく見直され、修正され、適合される。フランスを除くすべてのメンバー国の国防大臣が定期的に集まり、とりわけ核戦力に関する議論を行う」との説明がある（NATOウェブサイト http://www.nato.int/cps/en/natolive/topics_50069.htm）。

NPGは、「核の傘」の効用が低下することを恐れると同時にヨーロッパ大陸を核の惨劇に見舞われる戦場にしたくないという西欧諸国の複雑な心境に沿って、一九六〇年代のケネディ、ジョンソン両政権下で国防長官を務めたロバート・マクナマラが中心となって構想した知恵と妥協の産物だ。

一九五〇年代のアイゼンハワー政権（共和党）は、欧州同盟国の領土内に短距離型の戦術核を大量に持ち込み、「核の脅し」を前面に押し出すことによって、通常戦力で圧倒的優位を誇るソ連の西側侵攻や挑発行為を抑止しようとした。ソ連が武力行使に出れば、核戦力を使って本格的に応戦し、徹底的に報復するという「大量報復戦略」が有名だ。

これに対し、民主党のケネディ政権発足に伴って国防長官に就任したマクナマラは、NATOが過度に核兵器依存を強め、西欧の通常戦力がいつまでも拡充されない事態を恐れた。また「大量報復戦略」の描くシナリオでは、仮に米ソ間の衝突がエスカレートし冷戦が熱戦に転じた場合、欧州のみならず世界中が核のフォールアウト（放射性降下物）被害に襲われ、下手をすれば地球壊滅にもつながる全面核戦争へと事象が推移しかねなかった。

そこでマクナマラら民主党の戦略家たちが考えたのが、「柔軟反応戦略」と呼ばれる新戦略だった。基本的に「核の脅し」で相手を封じ込めることに大きな違いはないが、それでも西側通常戦力の増強を図ることで核への依存度を相対的に下げることを狙ったのが、この戦略の基調だ。

つまり不安定な均衡の糸が切れたら一気に大規模核戦争に事態をエスカレートさせるのではなく、まず通常戦力、次に小規模な核戦力使用、それでもダメなら本格的な核交戦といった具合に、東西武力衝突の推移を「刻んで」コントロールしようという戦略概念だった。

やや簡略化すると「大量報復戦略」は、「抑止の効いた平和」か「人類が破滅しかねない全面核戦争」かという、白か黒かの構図。これに対し「柔軟反応戦略」は、白から黒への段階的なグラデーションをイメージしており、できるだけ黒に向かう時間を遅らせ、なるべく白に近い灰色で事態を制御しようとする図式。こうイメージしていただくと、分かりやすいかもしれない。

なおこうしたマクナマラの核戦略論は最終的に、ＭＡＤと呼ばれる「相互確証破壊」に行き着く。ＭＡＤは、先制攻撃を仕掛けた側に「耐えられない懲罰」を与える報復能力を温存することによって敵に先制攻撃をためらわせる戦略概念で、冷戦時代を通じて米ソ間の「恐怖の均衡」を支えた。マクナマラが言う「耐えられない懲罰」とは、「敵の人口の四分の一から三分の一（後に『五分の一から四分の一』に変更）、産業生産能力のおよそ三分の二（後に『半分から三分の二』に変更）

の破壊」だった。

「大量報復戦略」から「柔軟反応戦略」への核戦略の一大転換は言うなれば、NATO同盟の盟主である米国の腹づもり一つで行われていた。したがって「核の傘」の下にいる欧州諸国にしてみれば、この戦略転換は衝撃と危惧の念をもって受け止められた。

先にも触れたように、フランスの軍人で大統領にも長く君臨したシャルル・ド・ゴールは「米大統領は本当にボンのためにシカゴを、パリのためにニューヨークを犠牲にできるのか」と、早くから米国の差し掛ける「傘」の信頼性に疑念を呈し、五〇年代から独自核武装路線に舵を切った経緯がある。西欧諸国との十分な事前協議がないままにケネディ政権が核戦略の重大変更に踏み切ったことは、ド・ゴールの予言が的中したとも受け取られかねず、「米国の核に本当にわが身を委ねていいのか」との不安がNATO同盟内に広がったのだ。

マクナマラやケネディ、ジョンソンにしてみれば、「第二のド・ゴール」の出現、つまりフランスに続いて他の西欧諸国がNATOの軍事同盟から離脱するシナリオだけは、何とか回避したかった。そこで、「核の傘」が「守られる者」にとって信用に足るものであることを実証しようとして考案されたのが、本節の冒頭に登場した「核計画グループ」、日本大使館幹部がシュレジンジャーらの面前で言及したNPGだった。

NPGに関する説明をもう少し加えておきたい。

マクナマラらが構想したNPGは、一九六七年四月に実質的な議論を開始、NATOの閣僚級高官が年に二回集まり、核政策に関する政策調整を深める場となった。当時の議題として、NATO

域内で想定される戦術核使用のシナリオが取り上げられたのをはじめ、弾道弾迎撃ミサイル（ABM）問題や米ソの戦略兵器制限条約（SALT）交渉についても政策調整が図られた。一九六八年春の三回目の協議では、マクナマラの後任のクラーク・クリフォード国防長官が、戦術核使用をめぐる指針づくりを提案。これを受けNPGでは、交戦初期段階における戦術核使用の指針作成へ向けた議論が活発に行われ、低爆発力核の示威的使用（米国）、欧州戦域における核使用（西ドイツ）、核地雷の運用（イタリア）、海上での核使用（英国）といった個別のテーマも各国によって研究が深められた。

日本大使館サイドはシュレジンジャーらに対し、こうも言明している。リーフのメモから抜粋する。

「日本の憲法、そして国内の反発を考えると、そうしたフォーラムを〔日米間で〕持つのは困難かもしれない。（中略）いかなるコンサルテーションの形式を取るにせよ、米国の核態勢や核計画について、日本はもっと情報がほしい」

集団的自衛権の行使を認めない憲法九条がある以上、具体的な核使用のシナリオにまで踏み込んで核戦略を米国と協議することはできない。また核戦略について米国と協議を深めることには、国内の反核世論の反発が予想される。だがそれでも、どんな形式であれ、「核の傘」に「守られている者」として米国の核戦力態勢やその使用計画についてワシントンと突っ込んだ協議を進め、核政策をめぐる本格調整を深化させたい——。「ＮＡＴＯと同等」はとうてい無理でも、せめて「準ＮＡＴＯ並み」の扱いをお願いしたい、というのが、「核のタカ派」に送られた被爆国政府のメッセージだった（この節は David Schwartz, *NATO's Nuclear Dilemmas*, Brookings, 1983; Fred M. Kaplan, *The Wizards of Armageddon*, Simon and Schuster, 1984; Jane Stromseth, *The Origins of Flexible Response: NATO's Debate over Strategy in the 1960s*, St Anthony's/Macmillan Series, 1988; Shaun R. Gregory, *Nuclear Command and Control in NATO: Nuclear Weapons Operations and the Strategy of Flexible Response*, Macmillan Press, 1996 を主に参照）。

オキナワ

リーフのハルペリンあてメモによると、シュレジンジャーは会合の中で、沖縄とグアムに「核貯蔵施設」を建設する選択肢にも言及している。「オキナワ」を再度、核基地化することで、核兵器の日本配備シナリオを温存しようという「核のタカ派」の権益拡大路線が垣間《かいま》見られる。

一九七二年の日本本土への復帰に伴い、第二次世界大戦以降、米国の施政権下にあった沖縄からは核兵器が撤去された。日米安全保障条約第六条に関連する事前協議制度の沖縄への適用も決まり、当時の佐藤栄作政権が政治的悲願として掲げた「核抜き本土並み」の沖縄返還が実現した。しかし、沖縄はその代償を密かに払わされた。将来の有事を睨《にら》んで沖縄への核兵器の再持ち込みを認める「沖縄核密約」を、佐藤がニクソン大統領と結んだからだ（以下「沖縄核密約」をめぐっては、若泉《わかいずみ》敬《けい》『他策ナカリシヲ信ゼムト欲ス』文藝春秋、一九九四年：波多野澄雄『歴史としての日米安保条約』岩波書店、二〇一〇年、第8章：後藤乾一『「沖縄核密約」を背負って』岩波書店、二〇一〇年：太田昌克『日米「核密約」の全貌』筑摩選書、二〇一一年、第3章を参照）。

沖縄核密約は、佐藤の密使である国際政治学者、若泉敬とニクソンの懐《ふところがたな》刀であるキッシンジャー大統領補佐官が練り上げた裏合意だ。そしてそれは、隠密行動が好きな佐藤と官僚嫌いのニクソンとの間で繰り広げられた政治家の「腹芸」でもあった。

一九六九年一一月一九日、ホワイトハウスで開かれた日米首脳会談で佐藤とニクソンは大統領執務室のわきにある小部屋に入り、若泉とキッシンジャーが水面下で練り上げた〝台本〟どおりに、英文の「合意議事録」に署名する。

沖縄核密約の証文である「合意議事録」には、

①極めて重大な緊急事態が生じた際、米政府は日本側との事前協議を経て、核の沖縄への持ち込みと沖縄を通過する権利を必要とするので、その場合に米国は日本からの好意的回答(favorable response)を期待する

②核貯蔵基地である嘉手納、那覇、辺野古、ナイキ・ハーキュリーズをいつでも使用可能な状態に維持しておき、極めて重大な緊急事態が生じた時には活用できるよう求める

――の二点を表明するニクソンに対し、佐藤がこう確約したことが明記されている。

「かかる事前協議が行われた場合には、遅滞なくそれらの必要を満たすであろう」

この沖縄核密約によって、いざ有事が発生したら、米軍は日米安保条約の事前協議制度を使って沖縄に核兵器を再び持ち込むことが担保された。しかもそうした事態に備え、嘉手納や辺野古など四つの米軍弾薬庫が沖縄返還前と同様に「核貯蔵基地」として保全されることになった。事前協議は日本国民の反核感情を強く意識して一九六〇年の安保改定時に設けられた制度であり、日本側が米側の核持ち込み要請に「ノー」と言えることを可能にした。しかし沖縄核密約は、沖縄への核再持ち込みにあらかじめ「イエス」を与えており、事前協議制度を骨抜きにする秘密合意だった。

この密約の存在は一九九四年に若泉が回顧録『他策ナカリシヲ信ゼムト欲ス』を上梓《じょうし》するまでの四半世紀、世の中に対して封印され続けた。そして二〇〇九年に入り、民主党が政権交代を実現すると、岡田克也率いる外務省が沖縄核密約を含めた四つの日米密約の調査に乗り出す。

しかし不思議なことに、岡田の肝いりで作られた外務省有識者委員会はなぜか、沖縄核密約だけを「必ずしも密約とは言えない」と結論付けた。その主な理由は、(1)「合意議事録」は佐藤政権後の後継内閣までをも拘束するものではなかった、(2)核再持ち込みの事前協議をめぐり、米国への政治的配慮を示した一九六九年一一月の「日米共同声明第八項」の内容を大きく超える負担を、日本側が「合意議事録」締結によって約束したわけではない――だった（外務省有識者委員会『いわゆる「密約」問題に関する有識者委員会報告書』第四章）。

アジア最大の「核弾薬庫」

一九七二年に「核抜き本土並み」の沖縄返還が実現するまで、沖縄はアジア最大の「核弾薬庫」であり続けた。米軍解禁資料によると、ベトナム戦争ピーク時には約一三〇〇発の核兵器が沖縄に配備され、極東有事に睨みを利かせていた。

そもそも沖縄に初めて核兵器が搬入されたのは、一九五四年末から五五年初頭にかけてだ。五四年末というタイミングは、アイゼンハワー政権が海外に核兵器を本格配備し始めた時期と重なる。そして西ドイツへの核配備が五五年春、アラスカが五六年、フィリピンが五七年で韓国と台湾が五八年、そしてトルコへの配備が五九年だったことと比較すると、かなり早い時期から沖縄に核兵器が持ち込まれていたことになる。

また沖縄に貯蔵された核兵器は多種多様だった。核爆弾以外に、核砲弾の「280ミリ銃」や「155ミリ榴弾《りゅうだん》砲」、核巡航ミサイル「マタドール」、「核機雷」や地対地核ロケット「オネスト・ジョン」、地対空核ミサイル「ナイキ・ハーキュリーズ」、核巡航ミサイル「メースB」、地対地核ミサイル「リトル・ジョン」、対潜核ミサイル「アスロック」、核無反動ライフル「デイビー・クロケット」など、一八種類もの核兵器が搬入され、その多くが一九七二年の本土復帰まで配備され続けた。累計一九種類の核兵器が持ち込まれたグアムと西ドイツに次ぐ多種多様な核配備状況は、沖縄がアジアにおける米核戦略上の重要拠点だったことを如実に物語っている。

アジア・太平洋地域には、ベトナム戦争がピークを迎える一九六七年段階で約三二〇〇発の核兵器が陸上貯蔵されたが、沖縄にあった約一三〇〇発という数字はこの三分の一以上を占める。韓国には最大で九〇〇発以上、グアムにも五〇〇発超が配備されたが、沖縄配備核の数量はこれらを完全に凌駕《りょうが》している。沖縄がアジア最大の「核弾薬庫」だったことは一目瞭然だろう（Office of the Assistant to the Secretary of Defense（Atomic Energy), "History of the Custody and Deployment of Nuclear Weapons (U) July 1945 through September 1977," February 1978; Robert S. Norris, William M. Arkin and William Burr, "Where they were: Between 1945 and 1977, the United States based thousands of nuclear weapons abroad. The weapons' hosts did not always know they were there," *Bulletin of the Atomic Scientists*, November/December 1999)。

二〇一二年五月に取材で沖縄を訪れた際、射程二〇〇〇キロを超える「メースB」の発射台跡地のある沖縄県恩納村《おんなそん》に足を延ばしてみた。八つの発射台が今も残るこの跡地は現在、創価学会が運営しており、「メースB」や沖縄戦の戦史を伝える反戦教育の現場となっていた。なお発射台跡は、東シナ海の向こうにある中国大陸を望んでいた。米中が敵対関係にあった一九六〇年代、「メースB」は中国を封じ込める抑止力の役割を担わされていたからだ。

米国の核兵器とはきわめて深い因縁のある沖縄。リーフのハルペリンあてメモによると、シュレジンジャーはそんな沖縄に「核貯蔵施設」を新たに建設することを日本側に打診した。しかし私が取材を尽くした限りでは、在米日本大使館はにべもなくこの提案を断っている。実際、二〇〇九年二月二五日の米議会戦略態勢委員会で、シュレジンジャーと大使館側との間ではこんなやり取りが交わされている。

シュレジンジャー　迅速性というなら沖縄にNUCLEAR STORAGE SITEを作るのはどうか。

日本大使館側　We are not ready.

歴代の政権トップが日米同盟を「基軸」と位置付け続ける中、「核の傘」を絶対視してきた外務省の高級官僚が米国の核戦略家らに対し、「傘」が引き続き機能するよう求める理屈そのものは、私も論理上まったく分からないではない。ただそのために、沖縄に「核貯蔵施設」を建設する必要はいっさいなく、合理性も何ら見当たらない。仮に日本の国防や抑止力堅持のために米国の「核の傘」を是とするなら、すでに「傘」を裏打ちするに十分な核戦力を米国は持っているからだ。

前章でも述べたように、ワイオミング州はじめ米北西部三州に点在する大陸間弾道ミサイル（ICBM）は四五〇基、また二四の発射管を装備した戦略原子力潜水艦は一〇隻以上あり、これらに一一五〇発を超える核弾頭が搭載されている。これに加え、戦略爆撃機六〇機にも核爆弾が搭載可能で、抑止力を形成するには十二分な核戦力を米国は保持しているのだ。

こうした米国の核戦力事情に通じる者なら、沖縄に核配備する必要がないことなど自明の理だ。中国との緊張が高まれば、沖縄への核配備オプションをちらつかせることで、対中抑止力にさらなる現実味と柔軟性を持たせることができると主張する専門家もいるかもしれない。しかし、私はこの考え方にくみしない。

核のアジア・太平洋地域へのプレゼンスを中国に見せつけることで「核の脅し」により真実味を持たせたいなら、何も沖縄に核兵器をもってくる必要などないからだ。グアムで十分なのだ。逆に沖縄に核配備しようものなら、中国の過剰反応とさらなる緊張激化を招き、沖縄の米軍基地そのものが中国の先制攻撃の対象となりかねないだろう。

有事の際に「核のパワー」に依存することには、多くのリスクと危険が伴うという真理をけっして忘れてはならない。相手の意図やメッセージを読み間違えて「核のボタン」に指が掛かることもあるだろうし、狭隘《きょうあい》なナショナリズムが台頭して軍部が強硬化すれば、核使用の敷居が低くなりかねないのだ。

「呼び水」スクープ配信

二〇〇九年二月二五日の米議会戦略態勢委員会では、シュレジンジャーと日本大使館側との間で「使える核」をめぐる議論も戦わされた。関係者への取材によると、委員会メンバーで元ローレンス・リバモア国立研究所所長のジョニー・フォスターがこう発言している。

「『非戦闘員の被害を最小限に抑える』というのがもとより米国の政策だが、差別性・選択性を考慮した低出力型の地中貫通型核は議会から『より使える兵器（More Usable）』ということで反対に遭って挫折した」

前章で触れたが、ここに出てくる「低出力型の地中貫通型核」とは、ブッシュ（子）政権が開発をもくろんだ強力地中貫通型核（RNEP）のことだ。核兵器はその破壊力の凄まじさゆえに、いったん使えば、広範なエリアに甚大な放射能被害を引き起こす。そこで、できるだけ地層深くに核爆弾を貫通させ、地下になるべくフォールアウトを閉じ込めることをブッシュ政権は考えた。しかし、物理的にそれはきわめて難しかった。そして米議会は、非戦闘員に対する被害の極小化を狙った新型核は「使える兵器」になりかねず、逆に核使用の敷居を低くする恐れがあるとして、RNEP計画を葬り去った。

こうした経過を日本大使館関係者に説明したのが、右記のフォスターの発言だった。そしてフォスターの言葉を聞いた大使館関係者は、こう返答している。

「『より使える』とは攻撃の蓋然性《がいぜんせい》を高め、敵へのメッセージとなる。〔抑止の〕信頼性も高めることになるのではないか」

リーフのハルペリンあてメモに、「日本には、TLAM／Nや低爆発力の地中貫通型兵器といった、米核戦力の持つ特有の性格が、拡大核抑止にとりわけ役に立つと考える者がいる」との記述があることには前章で触れたが、右記のやり取りはこの趣旨に合致する。また、二〇〇九年五月七日の上院軍事委員会の公聴会で戦略態勢委員会のペリー委員長が、以下の発言を行ったことが、公聴会議事録に残されている。

「日本の代表者は、米国の核の傘が備えるべきだと彼らが信じる能力について、詳細をいくぶん語ってくれた。彼らはステルス性や可視性、迅速性の能力について話をした。そして彼らは、最小限の副次的被害と低爆発力によって強固な標的を貫通できる能力を望んでいる」("To Receive Testimony on the Report of the Congressional Commission on the Strategic Posture of the United States," May 7, 2009, U.S. Senate, Committee on Armed Services)

リーフのハルペリンあてメモに書かれている趣旨と重なる。なおペリーの言う「日本の代表者」は、戦略態勢委員会と面会し意見陳述したワシントンの日本大使館員にほかならない。また「低爆発力」とは爆発力が比較的小さな核、いわゆる小型核のことを指し、「副次的被害」とはフォールアウトなどによる民間人への二次被害のことを意味する。

こうした一連の取材や調査を反映する形で、私は以下の記事を二〇〇九年一一月二三日に配信した。記事をそのまま転載する。

◎小型核の保有促す
日本の対米工作判明　「核の傘」堅持狙う　ミサイル退役は協議を

日本政府が麻生政権時代に「核の傘」の堅持を狙い、米国の中期的な核戦略検討のために米議会が設置した「戦略態勢委員会」に行っていた対米工作の全容が二三日、分かった。現在米国が持たない地中貫通型の小型核の保有が望ましいと指摘し、短距離核ミサイルの退役も事前に日本と協議するよう求めていた。複数の委員会関係者が明らかにした。

中国や北朝鮮の核の脅威を危惧する日本は、米国の一方的な核削減が核の傘の弱体化につながると懸念。核軍縮に熱心なオバマ政権の登場を背景に、「傘」の信頼性確保を狙った外交工作を展開していたことになる。「核なき世界」に賛同する鳩山政権の基本姿勢と相いれぬ内容もあり、政府の対応が今後問われる。

日本の工作を受け、二〇一三年にも退役する核巡航ミサイル「トマホーク」の延命を求める意見が米保守派から台頭。日本の要求を背景に大幅な核削減に抵抗する主張もあり、米政府が近くまとめる新核戦略指針「核態勢の見直し」にも影響する可能性がある。

米側関係者によると、同委員会のペリー委員長（元国防長官）らは二月末、米政府への提言策定のため、在米日本大使館から意見聴取。大使館幹部らは日本の見解を記した三ページのメモを提出した上で、①低爆発力の貫通型核が核の傘の信頼性を高める②潜水艦発射の核トマホークの退役は事前に協議してほしい③核戦力や核作戦計画の詳細を知りたい——と発言した。

米国は、広島型原爆の約二〇倍に相当する爆発力が高い地下攻撃用の貫通型核しか保有しておらず、「使える核」を求めたブッシュ前政権が低爆発力の小型貫通核の開発を目指したが、議会の反対で挫折している。

三ページのメモは機密扱いだが、内容を知る核専門家ハンス・クリステンセン氏によると、日本側は多様な標的を攻撃できる「柔軟性」や、低爆発力の核で市民の巻き添えを最小限にとどめる「差別性」などを備えた核能力保持が望ましいと力説。「近代化された核弾頭」などで核の傘の「信頼性」を担保すべきだとも訴えた。

昨秋にも、大使館幹部が委員会に「核を含む抑止という前提が崩れれば、日本は安全保障政策の根本を見直さざるを得ない」と伝達、核の傘弱体化に強い懸念を表明した。外務省は委員会とのやりとりを公表していない。（共同＝太田昌克）

賢明な読者の皆さまはすでにお気付きのことと思うが、記事はリーフが作成したハルペリンあてメモにはいっさい触れていない。記事配信のちょうど一〇日前となるオバマ訪日の朝、つまり一一月一三日に米核専門家から届いたメイルの中に、「どうかこのメモは表に出さないでほしい。メモを所持していることも口外しないように」とあったからだ。

この記事は二〇以上の加盟紙が一面トップで掲載してくれるなど、大きな反響を呼んだ。そして核密約で因縁浅からぬ当時の外相、岡田克也がある行動を起こす「呼び水」となる。

チェコの首都プラハで「核なき世界」の演説をした後、聴衆に手を振るオバマ米大統領（2009年4月5日）

第6章

転換の途上

——二〇一〇年四月六日

2010.04.06

核態勢の見直し——NPR

二〇一〇年四月六日、米国のオバマ政権が新たな核戦略のガイドライン「核態勢の見直し（NPR）」を発表した。

第4章でも触れたが、一九九〇年代のクリントン政権以来、「核のボタン」を握る米歴代大統領は自身の国防観や戦略思考、核兵器に対する考え方などを踏まえ、軍部と入念な調整を行ったうえでNPRを策定、今後一〇年程度の中期的な核政策の柱としている。

ご承知のとおり、米大統領の任期は最大で二期八年間。だから大統領一人につき、一つのNPRがまとめられると考えていい。

大統領は就任して間もなく、国防総省の文民と統合参謀本部の軍首脳部にNPRのたたき台づくりを指示、その後、核兵器開発を手掛けるエネルギー省や国際的な核不拡散政策を所管する国務省といった核政策立案に関わる役所も加わって省庁間会議が繰り返される。一連のプロセスには、大統領の意を体したホワイトハウスの国家安全保障会議（NSC）や科学技術政策室（OSTP）の幹部が深く関与する。そして最終段階では大統領みずからが議論や策定作業に加わり、大統領がホワイトハウス入りしてからだいたい一年前後でNPRが完成する。

クリントン、ブッシュ（子）両政権下においては、NPRの詳細はもちろん、その作成過程も秘密のベールにくるまれていた。

NPRはもともと、国民の代表である連邦議会に対して政権の核戦略を説明・報告する目的で作成されている。そのため、政権側からNPRに関する非公開の機密ブリーフィングを受けた議員や議会スタッフから、その内容の一部がメディアや外部専門家に漏れ伝わる可能性がゼロではない。

また「リボルビング・ドア（回転ドア）」という言葉が象徴するように、米政権内の主要政策スタッフは大統領が替われば、一気に入れ替わる。政権交代に伴ってリボルビング・ドアが回転し、政権内にいた者は「外」へ、そして下野していた者は「内」へと、全省庁において幹部人事の総入れ替えが行われるのである。だから核政策を専門とする有識者も数年おきに政権入りしたり、野に下ったりする。同じ専門領域を扱う者同士の意見交換や、政権の「内」と「外」の非公式な意思疎通がワシントンでは頻繁に行われており、こうした「政策知的階級」の相互浸透を通じて情報が世の中に出回り、時には機密情報であってもえてして漏れ出ることがある。

「コワモテ」のブッシュNPR

二〇〇一年に策定作業を行ったブッシュ政権の場合、NPR本文は高度な機密情報であったにもかかわらず、軍事問題を専門に扱うシンクタンク「グローバル・セキュリティー」がその中身をすっぱ抜き、自身のウェブサイトにその抜粋を掲載した。

「ブッシュNPR」の概要については第4章でも触れたが、その大きな特徴は、当時の北朝鮮やシリアなど核兵器は持たないが、生物・化学兵器を持つ国に対して核使用を辞さない姿勢を明確にしたことだ。

ブッシュ政権は二〇〇三年三月、フランスやドイツ、ロシア、パキスタンなどの反対を押し切ってイラク戦争に踏み切った揚げ句、当初の国家間同士の戦争に「反米」を標榜するイスラム急進テロリストを大量参戦させ、その後五年近くにわたり、対テロ戦の泥沼に足を取られ、ベトナム戦争以来の国家的屈辱を嘗《な》めた。

また地球温暖化防止の京都議定書や、地下核実験を完全禁止する包括的核実験禁止条約（CTBT）に背を向け、国際社会と不和な関係に至っても米国の利益をとにかく最優先し、時には武力行使も辞さないという「一国主義（ユニラテラリズム）」の立場を鮮明にした。

こうした外交姿勢がどれだけ超大国としての米国の長期的な国益を損ねたかは計り知れず、私もワシントン在任時代に多くの不満や愚痴、憤怒《ふんぬ》の声を国務省や民主党の関係者からよく聞かされたものだ。

そんなブッシュ政権は核戦略においても強面《コワモテ》の強硬姿勢を取った。

それはグローバル・セキュリティーが暴露した「ブッシュNPR」の抜粋を読めば一目瞭然だ。敵の指導部や重要戦略拠点がある堅牢な地下施設を確実に壊滅できる貫通型核戦力の保持、放射性降下物（フォールアウト）による民間人への副次的被害の極小化を狙った小型核能力の開発、ロシアや中国が核戦力増強に動いた場合にこちらも即座に核兵器増産に踏み切れる「即応性のある核製造インフラ」の整備、さらにこうした重層的な核攻撃能力を通常戦力やミサイル防衛（MD）と有機的に結合させ、強靱《きょうじん》な抑止力の構築を目指す――。

ブッシュ政権の核戦略を一口で表現するなら、それは、重厚長大で実際は使えなくなっていた冷戦時代の巨大な核戦力の量は削減するが、その質を先進化することで「使える核」も常備、そのイメージを最大限利用することで「核の脅し」に現実味を与えることにあったといえる。そしてその底流には、ブッシュ政権の外交・安保政策を特徴付ける「一国主義」という、独善的でむき出しのリアリズムが照射されていた。

保守系核戦略家のキース・ペインら「ブッシュNPR」の起草・策定者はこうした批判に対し、ほとんど決まってこう反論する。

「ブッシュ政権のNPRは、核戦力と通常戦力、MDを融合させたうえで、核製造のための即応性インフラも重視した『新三本柱（トライアッド＝①核戦力、②通常戦力とMD、③即応性インフラ）』で構成されている。それまでのNPRは①大陸間弾道ミサイル（ICBM）、②潜水艦発射弾道ミサイル（SLBM）、③戦略爆撃機の『三本柱』から成り立っており、ブッシュNPRのほうが核戦力への依存度は低い」

私自身、ペインからこうした反論を聞いたことがある。しかし私はこの反論に対して、さらなる反論を以下のように試みたい。

核戦力が中心だった冷戦時代の抑止力を刷新したいなら、何も「使える核」まで開発する必要はない。使える通常戦力をさらに質的に強大化することで、敵に対する脅しの効力を増幅させればいい。「使える核」を模索しながら、核戦力と通常戦力を半ば一体化する「新三本柱」を構築することは、まったく次元の違う兵器である核戦力と非核戦力の区別をあいまいにすることにもつながり、核使用の敷居を低下させかねない。そうしたイメージが世界に蔓延《まんえん》することは、安易に核兵器に国防の根幹を託そうという間違った戦略的発想を一部の国家指導者に惹起《じゃっき》させるリスクを招き、現代国際社会の最大の脅威である核拡散がさらに進む。そして、拡散の対象はテロリストという非国家主体にも広がる恐れがある。そうなればヒロシマ、ナガサキ以降、核兵器を道徳的に「悪」と見なすことで築かれてきた「核のタブー（禁忌）」という不文の規範を崩壊させかねず、核をめぐる国際的な秩序はさらにカオス（混沌）と化す——。

「小泉—ブッシュの蜜月時代」とメディアにまでもてはやされた二〇〇〇年代前半、私の知る限り、被爆国である日本の政権中枢はこうした危険な動きにあまりに無頓着で無力だった。確かに、北朝鮮の核開発や中国の核戦力近代化は日本に対する直接的な脅威である。それを制御する外交政策を米国と協調して描いていくことが不可欠なのは言うまでもなく、日本外交もその努力を続けてきた。しかしそれだけでは、真の核の脅威は封じ込められない。

「使える核」を模索した一国主義的な「ブッシュＮＰＲ」に無批判だった被爆国政府の実態は、さらなる歴史の検証にさらされなければならない。

プラハの春

こうしたブッシュ時代の暗い影を引きずる中、「チェンジ」の松明《たいまつ》を掲げたオバマが国際政治の中心舞台に登場した。大統領選キャンペーンのころから、オバマは核軍縮・不拡散に外交の力点を置く姿勢を明確にしていたことから、そのＮＰＲにも私は並々ならぬ関心とやや淡《あわ》い期待を抱いていた。

二〇〇九年四月五日にオバマが行ったプラハ演説に関しては、日本でも好意的な意見が圧倒的だろう。その一方で、大統領みずからが「おそらく私の生きている間には〔核廃絶目標は〕達成できないだろう」「核兵器が存在する限り、敵を抑止し同盟国の防衛を保証するために、米国は安全で確かで効果的な核兵器を維持する」と明言したことから、否定的な見方もけっして少なくない。確かにオバマは、「核兵器を使用した唯一の核保有国」としての「道義的責任」に触れただけで、米国が広島と長崎に原爆を投下した行為そのものの責任を認め、被爆者やその遺族に謝罪をしたわけでも何でもない。また彼の前任者同様、相も変わらず核超大国お得意の核抑止論を正当化したうえで、核保有国中心の核軍縮・不拡散論をぶったにすぎない。

しかしそうであっても、この二九分間のプラハ演説は私の目に画期的に映った。そして、オバマがこれから作るＮＰＲに期待を膨《ふく》らまさざるを得なかった。なぜなら、彼が「核兵器のない世界の平和と安全を追求する」と国際社会に堂々かつ明快に宣言し、原爆使用国の「道義的責任」の下に核廃絶へ向けて「行動する」方向性を明示したからだ。

半世紀前のキューバ・ミサイル危機で核戦争がもたらす恐怖の深淵《しんえん》をのぞいたケネディ大統領や、みずからの道徳的価値観から核を心情的に忌《い》み嫌ったレーガン大統領の事例はあるが、現職の大統領が核廃絶についてこれだけ包括的かつエネルギッシュに、また理想主義を押し出しながら大衆の前で論じたことは、かつてなかった。私が「画期的」と表現するのは、そのためである。

なおケネディは、一九六一年の国連総会で「老若男女あらゆる人が、核というダモクレスの剣の下に暮らしている」と述べ、ギリシャ神話に出てくる剣をつるすか細い糸が「事故、誤算、狂気」によって、いつ切れても不思議ではないと強調した。レーガンは八六年一〇月一一、一二両日に北欧のアイスランドの首都レイキャビクで行われた米ソ首脳会談で、ソ連共産党書記長だったミハイル・ゴルバチョフと「核ゼロ」のオプションを具体的に議論したことが、近年解禁された米公文書から明らかになっている。

また私は特派員として、ブッシュ政権がサダム・フセインの大量破壊兵器保有を誤信してイラク戦争にやみくもに突入し、北朝鮮やイランを強烈に敵視しながら「使える核」の開発を画策していた二〇〇三～〇七年のワシントンを肌身で体感している。冷戦後、当然進展するものと思っていた核軍縮の動きは頓挫《とんざ》し、「核なき世界」という言葉をブッシュ政権の当局者から聞くことは、ついぞなかった。そんな核軍縮の「失われた一〇年間」であるブッシュ時代を知るからこそ、核廃絶目標を理路整然と論じる核超大国のリーダーの出現に興奮した。

プラハ演説のような歯切れのいい核軍縮・不拡散論など、ブッシュ時代にはとうてい想像すらできなかった。だからこそ、プラハ演説で日本を含めた国際世論が喚起される中、私はこの大統領を「ビークル（vehicle＝乗り物）」にして、核兵器を「絶対悪」とみなす価値と国際法の体系づくりが進めばいいと心から願った。

そしてこの「プラハの春」以降、私は東京に拠点を置きながらも、足繁《あししげ》くワシントンにも通い、オバマ政権の核政策を取材してきた。

しかし残念ながら、オバマが政権に就いてから四年以上が経過した本稿執筆時点（二〇一三年初頭）において、核廃絶への具体的な道筋はいっこうに見えず、プラハでオバマが誓った包括的核実験禁止条約（CTBT）の早期批准もいまだ実現していない（悪名高いことに米国はイランや北朝鮮、中国、インド、パキスタン、イスラエル、エジプトと並んでCTBTの未批准国であり、これらすべての国が批准しないと条約は発効しない）。

さらにオバマが単なる理想主義者ではなく、米国の国益を冷静に見据えたうえで、時には武力行使という選択肢も考慮に入れながら、実利を徹底的に目指す現実主義者であることに多くの人々が、プラハ演説の後、気付くようになった。

それでもブッシュ政権時代の八年間を考えると、隔世の感を覚えざるを得ず、ここまでの四年間のオバマ時代はブッシュ時代と雲泥の差があることをあえて強調しておきたい。

異例ずくめの「オバマNPR」

二〇〇九年一月の政権発足から一四ヵ月と半月が経過した一〇年四月六日、オバマ大統領は自身のNPRを国内外に公表した。「オバマNPR」は、その策定過程や公表ぶりを見ると、異例ずくめだった。

まずクリントン、ブッシュ両政権下では非公開だったNPRそのものが、今回は全面公開となった。核戦略という高度に秘密性の高い政策を扱う以上、NPRは敵国情報も含めたさまざまな軍事機密やインテリジェンス情報を基に作成される。したがって、最終的にできあがる成果物にも秘密扱いの機微情報が盛り込まれるのが普通だろう。

現に「ブッシュNPR」がそうだった。米軍が現在持つ唯一の地下貫通型核爆弾「B61－11」の爆発力など機微な軍事情報が、グローバル・セキュリティーによって暴露された、ブッシュ政権のNPR文書に明記されていた。こうした軍事機密に絡む非公開情報と、政府外の人間が知っても比較的差し障りのない公開情報があり、前者は機密指定されたまま連邦議会に送られ、後者はパワーポイントやプレスリリースの形で一般に開示される。

インナーサークルによる密室協議を重視したリチャード・チェイニー副大統領の存在が当初絶大だったこともあって、ブッシュ政権はどちらかというと秘密好きな政権だった。グローバル・セキュリティーがすっぱ抜かなければ、「ブッシュNPR」はあんなに早く日の目を見なかっただろう。

これに対し、「オバマNPR」は本文そのものがすべて公開だった。「公開バージョン」と「非公開バージョン」の両方を作って、前者を世論の目にさらし、後者を議会のみに送るという手もあったが、オバマはあえてこのやり方を取らなかった。もちろん軍事作戦などに関わる補足情報を機密指定し、ひっそりと議会に送っていた可能性もまったくないわけではない。ただ「オバマNPR」そのものには「機密バージョン」はなく、裏表なく本文を公論の対象として開示するという過去にない手法が取られた。

厚い秘密のベールにくるまれた核戦略は、ある程度の時間が経過しないと、その姿が見えてこないのが常だ。本書の序盤で触れた一九六〇年成立の日米核密約についても、東西冷戦が終結し、日本に展開した米空母機動部隊が核搭載をやめた九〇年代になってようやく、米側の関連公文書が機密指定を解除されるようになった。

空母や攻撃型潜水艦が核兵器を積んだまま日本に平然と寄港していた冷戦時代、仮におぼろげながらにでも核密約の存在が世に知れ渡れば、反核感情の強い国民世論が日本政府に真相解明や事態の改善を求めただろう。そうなれば、核搭載艦船の通過・寄港という、米軍にとって必須のオペレーションに重大な支障が出たほか、日米同盟関係は大きく不安定化しただろう。

だから米軍は核密約の片鱗《へんりん》が窺える関連文書の開示を許さず、核密約を核戦略全体のベールの中に包み込んできた。

しかし冷戦が終わり、もはや核搭載艦船の日本寄港が必要なくなれば、何も核密約を密約のままにしておく必要性と合理性はなくなる。むしろ密約のままにしておくことが、透明性と説明責任を重んじる民主主義の原則に反し、無用の批判を招く。だからこそ米側は、鉄面皮のように長らく密約を否定し続けた日本政府とは違って、時代変化を踏まえて重要情報を徐々に公開してきたと考えられる。

こんな核戦略をめぐる米国の合理的で慎重なアプローチと、その元来の秘密性を考えるなら、今この時点で行われている核オペレーションの大元をなすＮＰＲがすべて公開されたことは、多少なりとも冷戦時代の米核戦略を知る私にとっては大きな驚きだった。

「オバマNPR」はその策定過程においても、ユニークさがきわだった。まず関係省庁間の政策調整プロセス、いわゆる「インター・エージェンシー」と呼ばれる作業がきわめて濃密だったことだ。

「オバマNPR」が公表された二〇一〇年四月六日、国防総省高官がその詳細を記者に説明するバックグラウンド・ブリーフィングを行っているが、それによると、NPR策定へ向けた省庁間の会合は合計「一〇二回」に上ったという。

この高官によると、策定作業のために四つの作業グループが政府内に設けられた。①政策・戦略（国防総省と統合参謀本部）、②国際関係（国防総省と国務省）、③核の備蓄量と製造・保守インフラ（国防総省とエネルギー省）、④核能力と核戦力の構成（国防総省と戦略軍）——で、NPR公表七ヵ月前の二〇〇九年九月から、これらの作業グループを通じた関係機関の調整、協議が続けられた（U.S. Department of Defense, "Background Briefing on the Nuclear Posture Review from the Pentagon," April 6, 2010）。

「一〇二回」という数字をどう評価するか。二〇〇九年九月からNPR公表までの七ヵ月間、感謝祭やクリスマスの休暇時期を除いて、四つの作業グループがそれぞれほぼ週一回、協議の場を設けた計算になる。

クリントン、ブッシュ両政権時代のNPR策定過程が分からないため比較はできないが、多忙を極める各省庁の審議官（局長より一つ下のレベル）以上の高官が週一回、同じテーマで議論を半年間続けるというのは大変なことだ。よほどの重大テーマでしか、省庁間のこうした濃密な協議プロセスは行われ得ず、核政策に並々ならぬ関心を示すオバマ大統領の意を体した官僚機構の動きといえる。

またクリントン、ブッシュ両政権時代のNPR策定作業が、国防総省の半ば独壇場だったことを踏まえれば、今回これほど緊密な省庁間調整が図られたことは特筆に値する。

大統領みずから関与

「オバマNPR」の特徴はほかにもある。それは、十分なインター・エージェンシーの調整作業に加え、策定の過程で連邦議会や同盟国政府、さらに外部識者にまでコンサルテーションの対象を広げ、広範囲に政権外部の意見を聞いたという点だ。核戦略の秘密性を考慮に入れるなら、これは公開性の高い、異例なアプローチといえる。

先の国防総省高官は二〇一〇年四月六日のバックグラウンド・ブリーフィングで、こう言明している。

「われわれは多くの人々と協議した。彼らの考え方を知りたかったのだ。米国の核態勢に関係する利害関係者は多い。国内的にはもちろん議会が利害関係者に含まれるし、分析を行うコミュニティーもいる。われわれは国際的にもアウトリーチした。議会、同盟国や友好国、非政府組織（ＮＧＯ）など、これら利害関係者との接触は八〇回を超える」
同盟国にはもちろん、前章で詳述した〝ロビー工作〟を議会関係者に展開していた日本政府も含まれる。また、米国の戦術核最大約二〇〇発が配備されている北大西洋条約機構（ＮＡＴＯ）同盟諸国、日本と並ぶアジア太平洋地域の重要同盟国である韓国やオーストラリアも入ってくるだろう。

それにしても、議会や同盟国政府までは理解できるが、ＮＧＯに所属する外部専門家にまで幅広く意見を聞いたのはじつにおもしろい試みだ。シンクタンクに在籍する私の友人も確かに、政権側との意見交換の場に立ち会っている。

こうした開かれたアプローチが取られたのは、おそらく象徴的な意味合いがあるのだろう。「使える核」を模索しながらも、これが同じ共和党の議会にまで反対されたブッシュ政権の核政策はとにかく論争続きだった。ＮＰＲの策定プロセスも秘密性が高く、繰り返すようにグローバル・セキュリティーにその内容がすっぱ抜かれたのも、きっと「ブッシュＮＰＲ」を問題視する内部の人間がいたからだろう。

オバマ政権は、密室で議論した揚げ句あとでこっぴどく叩かれるよりも、ＮＰＲ策定の段階である程度の方向性を議会に示しながら議会側の感触も探ったうえで、幅広く理解が得られそうな成果物の作成を狙ったと考えられる。また外部識者へのアプローチも、こうした考え方の延長線上にあり、有力な識者をうまく取り込む戦略的な動きだったといえるのかもしれない。

ＮＰＲ本文を完全公開したこと、また議会や外部識者と事前に相談したこと、同盟国にも意見を求めたこと――これらの要素はいずれも核戦略形成過程の可視化・透明化を向上させたという意味で画期的だ。ただそれが、「ブッシュＮＰＲ」を反面教師とした世論・議会対策を意識した戦術だった性格も捨てきれない。

またＮＰＲそのものを公開する一方で、真の軍事核機密情報（たとえば、核戦争を行う際、敵のいかなる標的を何発の核兵器で具体的に狙うかという「ターゲティング」に関する情報など）は依然機密扱いのままであることを忘れてはならない。

最後に「オバマＮＰＲ」の最大の特徴だが、それは大統領みずからが深く関与したという事実だ。先のバックグラウンド・ブリーフィングに出てくる国防総省高官の発言を再度、引用したい。

「この大統領は、非常に熟考したうえで、思慮深くかつ徹底した形で〔ＮＰＲの〕策定に直接的に関与した」

プラハであれだけの演説をやって世界的な注目を集め、そのおかげで大統領としての実績を残す前にノーベル平和賞まで受賞したオバマである。「核なき世界の平和と安全を追求する」と誓ったからには、当然、自身の政権の核戦略指針となるＮＰＲに対する思い入れも尋常でなかったに違いない。

それでは、オバマはいかなる形でＮＰＲに「直接的に関与」したのか。私がＮＰＲ策定に深くたずさわったホワイトハウス高官（当時）から直接聞いた一例を以下に紹介してみたい。

核の役割低減

二〇一〇年三月一日の正午前、ホワイトハウスの大統領執務室。オバマ大統領はロバート・ゲーツ国防長官と向かい合った。

ブッシュ共和党政権時代からの閣僚として唯一、オバマ政権に残留したゲーツは、イラクとアフガニスタンの二つの戦争を統括する立場にあり、米政府内でも特別の発言力を誇る存在だった。

ゲーツといえば、ジョージ・H・W・ブッシュ（父）政権時代に米中央情報局（CIA）長官にまでのぼりつめたインテリジェンスのプロ中のプロであり、ホワイトハウスの国家安全保障会議（NSC）のナンバー2も務めた「ワシントン・インサイダー」だ。四半世紀近いキャリアの大半はインテリジェンス部門だが、冷戦時代に核戦争計画をつかさどった戦略空軍司令部の情報将校も歴任するなど、核政策とも浅からぬ関係がある。ブッシュ（子）政権がイラク戦争の泥沼に足を完全に取られ、政権全体が窮地に陥った二〇〇六年、いわゆるネオコン（新保守主義者）に近く剛腕で知られたドナルド・ラムズフェルドに替わって国防長官に就任し、まさに火中の栗《くり》を拾う役割を担う。そして、イラクからの米軍撤退を表明していたオバマに請《こ》われて民主党政権にそのまま残った。

「三顧の礼」といえば大げさかもしれないが、それほど大統領から懇願されて職に留《とど》まったゲーツは国防長官留任後、オバマと週に一度は食事を共にし、国防政策を忌憚《きたん》なく論じ合う間柄になった。

地球上で最も多忙な人物の一人である大統領と週に一度、定期的に会うというのは並大抵のことではない。いくら閣僚とはいえ、大統領の時間は限られており、しかも会食をしながらの定期懇談というのは、政権内におけるゲーツの地位がいかに別格であるかを示している。

ゲーツはこの日、公表予定が迫ったＮＰＲに関する説明用のスライドをホワイトハウスに持参していた。人知れず行われたこの会談のことを知る当時のホワイトハウス高官によると、スライドには「消極的安全保障（Negative Security Assurance＝ＮＳＡ）」に対する「ただし書き」が記されていたという。

あの歴史に残るプラハ演説で「核なき世界」を提唱したオバマは、自身が策定に関与する新たなＮＰＲで「核兵器の役割低減」を前面に押し出したかった。そして、何千から何万発もの核兵器に国防の根幹を依拠し、米ソが互いに大量の核兵器を持ち合うことで「恐怖の均衡」を保ってきた冷戦時代の思考様式からの方向転換を図りたかった。

オバマはプラハでこう言い切っている。

「米国は核兵器のない世界へ向けて具体的な措置を取っていく。冷戦思考に終止符を打つために、われわれは米国の国家安全保障戦略における核兵器の役割を低減する。そして同じ行動を取るよう他国にも強く求めたい」

オバマはプラハで明示したこの対外的な公約を、まずNPRで実現しなければならなかった。米国の核戦略は大統領がお墨付きを与えるNPRが最高位にあり、このNPRを礎石《そせき》にしてその後、細かい核政策の見直し作業が具体的に順次進められるからだ。

NPRという大方針が決まったら、「大統領政策指令（PPD）」を基に国防長官らが中心となって、核をいかなる局面で使うのか、「核戦力運用指針」が作成される。またこの過程で、核兵器の必要量がどのくらいになるかが決まっていく。中ロ両国の核戦力やミサイルサイロ、通常戦力の重要拠点、北朝鮮やイランの核開発拠点やミサイル基地、さらにこれら潜在敵国の政権中枢など、米核戦力が射程に収めねばならない標的をいったい何にするのか、「ターゲティング」という標的選定の大枠を決めると、何発の核弾頭が最低限必要か、おのずとその数字が見えてくるのだ。国防長官レベルの核戦力運用指針の決定にはもちろん、大統領の同意が不可欠だ。そしてそれがまとまれば、今度は統合参謀本部、戦略軍司令部といった核兵器を実際に運用する軍部が具体的な核作戦計画を練っていくことになる（Hans M. Kristensen and Robert S. Norris, "Reviewing Nuclear Guidance: Putting Obama's Word into Action," *Arms Control Today*, November 2011）。

なおオバマは二〇一一年、一〇年四月に出た「オバマNPR」に基づき、国防総省に対して従来の核抑止戦略を精査するよう求め、抑止力堅持の観点から核兵器の総量をいったいいくつにまで減らせるか、具体的な検討作業を命じている。

仮に大統領が核戦略や核政策の決定でみずから主導権を発揮したいなら、その最高位にあるNP

Rに自身のメッセージを存分に盛り込まなければならない。そうしないと、年間三〇〇億ドル（一ドル九〇円換算で二兆七〇〇〇億円）は下らない予算が投入される核兵器関連事業の既得権益にしがみつく国防総省やエネルギー省の官僚機構の手玉に取られかねない。核政策における「政治主導」を実現するには、大統領がNPRに込めるメッセージがとにかく鍵となるのだ（米国の核兵器関連予算についてはRussell Rumbaugh and Nathan Cohn, "Resolving the Ambiguity of Nuclear Weapons Costs," *Arms Control Today*, June 2012を参照）。

オバマにとってそのメッセージとは、プラハで公言した、国家安全保障政策における「核兵器の役割低減」、つまり国防政策における核兵器の相対的な地位を低下させ、核兵器への依存をできるだけ減らすことだった。

NSAと「傘」

それでは、「核兵器の役割低減」を具体的にどのように実現させていくのか。オバマが着目したのが、前節のゲーツ国防長官との絡みで出てきた「消極的安全保障（NSA）」だった。

NSAは、米ソが大量の核兵器を保有して睨み合った東西冷戦時代の産物だ。基本的には、みずからは核兵器をつくらず、独自核武装路線を放棄した国に対し、核保有国が自身の核を使って攻撃したり、威嚇したりしないことを約束する概念のことを指す。「核を持っていないあなたを、私が核で攻撃することはありませんよ」と、核使用を完全否定する保証を行うことで、非核保有国の安全保障を担保する概念だ。

国際法上、核保有が許されているのは米国、ロシア、中国、英国、フランスの五つの国連安全保障理事会常任理事国だ。一九七〇年発効の核拡散防止条約（NPT）がそれを認めているからだが、言うまでもなく、無数の無辜の民を瞬時に殺戮し、放射能被害への憂いを後世にまで残す核兵器など本来、持ってはならないはずだ。しかし米国と当時のソ連、英国が主導したNPTは五ヵ国だけを例外扱いし、他の国には核保有を許さない差別的な核秩序をつくり上げてしまった。あらゆる主権国家が平等である国際法上の大原則を踏まえると、本当はおかしな話である。だから、核保有を認められなかった国は、核保有国に核軍縮努力を迫り、核オプションを手放した自身の安全を保証してもらいたいと当然考える。そこで登場したのが、NSAという考え方だった。

このNSAといわば対称の関係にあるのが、「積極的安全保障（PSA）」だ。「積極的」という言葉が示すように、こちらは「攻撃しません」という否定形ではなく、「攻撃します」という肯定形で仲間内の安全保障を約束する概念だ。つまり、敵対国家が自分たちの同盟・友好国を核兵器で挑発したり、よもや核攻撃したりするようなことがあれば、こちらも自分の持つ核兵器で威嚇し、核を使った報復措置も辞さない姿勢を鮮明にする。

PSAの具体例は、米国が日本に差し掛けてきた「核の傘」、より専門的にいうと「拡大核抑止」だ。日本みずからは核武装しないが、核を持つ同盟の盟主である米国が後ろ盾となって、日本が仮に攻撃された場合、核で反撃する意思と能力を誇示することで対日攻撃の抑止を狙う。

米国が日本にPSAを付与していたことをめぐっては、こんなエピソードがある。「非核三原則」を宣言したことで有名な佐藤栄作首相は一九六五年一月一三日、ロバート・マクナマラ国防長官との会談でこう発言している。

「中共の核爆発の性質については昨夜（ＣＩＡから）説明を聞いた。しかしながら日本は核兵器の所有あるいは使用についてはあくまで反対である。日本は技術的にはもちろん核爆弾を作れないことはないが、〔フランス大統領で独自核武装に走った〕ド・ゴールのような考え方は採らない。また、核兵器の持ち込みということになれば、これは安保条約で規定されているのであって、陸上への持ち込みについては発言に気をつけていただきたい。もちろん戦争になれば話は別で、アメリカが直ちに核による報復を行うことを期待している。その際、陸上に核兵器用施設を作ることは簡単ではないかも知れないが、洋上のものならば直ちに発動できるのではないかと思う」（「佐藤総理、マクナマラ長官会談」一九六五年一月一三日、外務省開示文書）

当時、核武装化を急速に進めた中国の動きを危惧し、日本のトップが「中国との戦争になれば、すぐに核で報復をしてもらいたい」と、米側にＰＳＡの確約を明示的に求めていたことが分かる。しかも、米空母などに搭載された「洋上」の核兵器なら「直ちに」使ってもらって構わないとまで明言している。

佐藤は後にノーベル平和賞を受賞するが、みずからが提唱した国是である「非核三原則」が口先だけの虚構であったことがよく分かる。熾烈《しれつ》を極めた東西冷戦の時代とはいえ、被爆国の宰相が弄《ろう》した詭弁《きべん》は嘆かわしい限りだ。

ＰＳＡの話が長くなってしまった。ＮＳＡに話を戻すと、米国は一九七〇年代以降、非核保有国にＮＳＡを付与すると公言してきたが、それには一つの条件があった。その条件とは、核兵器を保有するソ連や中国とは同盟関係を持たないということだった。

たとえその国が核を持たなくとも、米国と敵対する核保有国と背後で手を握っているのでは、「核で攻撃しません」という保証を与えることができない。米国が「あなたの国には核を使わない」と約束したことをいいことに、ソ連や中国の核戦力の威光を借りて、米国の同盟国に武力挑発を仕掛けるなどの悪さをしてもらっては元も子もない――というのが米側の理屈だった。

だから、非核保有国に対するＮＳＡといっても、前提条件が存在したわけだ。

生物兵器を危惧

オバマはみずからが策定する核戦略指針「核態勢の見直し（ＮＰＲ）」で、東西冷戦の名残が強い、この前提条件を外したいと考えた。そしてその代わりに、消極的安全保障（ＮＳＡ）付与の新たな指標として、その国が核拡散防止条約（ＮＰＴ）を順守しているか否かという別の条件を導入しようとした。ＮＰＴに加盟し、きちんと核不拡散の国際ルールを守っている国に対してのみＮＳＡを与えるという、過去になかった発想である。

これまでのように、ロシアや中国と同盟関係にあるのか否か、つまり単に「敵か味方か」という識別は止《や》める。今後はその国が、NPTを頂点とする核不拡散の国際秩序維持に貢献しているかどうか、核技術の軍事転用を防ぐ「核の番人」である国際原子力機関（IAEA）と包括的な保障措置協定を結んでIAEA査察に協力しているかどうか、軍事利用もできる核の機微技術の輸出管理を取り締まる「原子力供給国グループ（NSG）」のガイドラインを順守しているかどうかなどの核不拡散上の観点から、NSAを付与するか否かを決めようというわけだ。

「敵か味方か」という、冷戦時代の思考様式にとらわれた主観的な指標ではなく、国際ルールの履行という客観的でより普遍的な指標を判断材料にNSAを付与する――。この新たなやり方をオバマは「強化された消極的安全保障（Strengthened NSA）」と呼んだ。

しかし、先のホワイトハウス高官によると、米軍部全体の利益を代弁する国防長官のゲーツが首を縦に振らなかった。

> たとえNPTを順守している非核保有国でも、生物・化学兵器を使って対米攻撃を仕掛けてくる恐れは排除できない。生物・化学兵器で米国とその同盟国に敵対的な行動を取る国に対しては、「核の脅し」が依然として不可欠ではないだろうか。だから核不拡散の国際ルールの履行という一点だけで、NSAの付与を判断するやり方には問題が残る――。

ゲーツはこう考え、二〇一〇年三月一日のオバマとの会談に持参したスライドにも、こうした趣旨の「ただし書き」を盛り込んだという。

ゲーツの念頭にあったのは、北朝鮮とイランの脅威だった。特に米兵約三万人が展開する朝鮮半島で生物兵器を保有し、「先軍政治」の道を突き進む金正日体制（現在は金正恩《ジョンウン》体制）のことが大きな気掛かりだった。北朝鮮は二〇〇二年末以降、寧辺《ニョンビョン》にある黒鉛減速炉を使ってプルトニウム型の核開発を加速、弾道ミサイルの試射や核実験を繰り返し、濃縮ウランを使った核開発にも乗り出している。もちろんこれらの行為はNPT違反であり、核開発活動を非難する国連安保理決議にも明らかに背《そむ》いている。だから、北朝鮮がオバマの言う「強化されたNSA」の対象にはなり得ないことは一目瞭然《いちもくりょうぜん》だ。

それでもゲーツは、北朝鮮による生物攻撃にあらかじめ「免責を与える」（先のホワイトハウス高官）かのようなメッセージを送りたくなかった。たとえ核兵器ではなく、生物兵器を使ったとしても容赦しない。必要ならば米軍による核を含む報復攻撃で完膚なきまでに北朝鮮軍を壊滅する。そうしたシグナルを発することが、北朝鮮の暴発を封じ込める抑止力の強化につながるとゲーツは考えたようだ。

結局、オバマはゲーツの意見を尊重した。そして、四月六日公表のNPRにもゲーツの主張がみごとに反映された。NPRから関係部分をそのまま引用する。

「この強化された〔消極的安全〕保障を行うに当たり、この保障に該当する国が米国やその同盟国、友好国に対し、化学兵器または生物兵器を使えば、通常戦力による壊滅的な〔米軍の〕反撃に直面することを確認しておく。（中略）生物兵器の破滅的な能力、そしてバイオテクノロジーの急激な進展のペースを考えると、米国はこの保障の措置を修正する権利を留保する。生物兵器の脅威が拡散・進化する状況や、こうした脅威に立ち向かう米国の能力次第で、そうした修正は正当化される」(U.S. Department of Defense, *Nuclear Posture Review Report*, 2010, p.viii)

前段でNSA該当国が生物・化学兵器攻撃に打って出れば、米軍は核戦力ではなく通常戦力で全面反撃に出ると強調する一方、後段では生物兵器だけを取り上げ、今後の生物兵器開発やその拡散の状況如何によっては、「強化されたNSA」政策そのものを見直すことが十分あり得ると明記している。朝鮮半島に貯蔵された生物兵器を重大な脅威とみなすゲーツの意見を、オバマが重く受け止めた証左である。

「唯一の目的」と先制不使用

オバマ肝いりのNPRでは、ほかにも重要な争点がいくつかあった。その一つが、「唯一の目的(Sole Purpose)」と呼ばれる核兵器の役割低減を目指した政策である。これは、核保有国が核兵器を保有する「唯一の目的」を、相手の核使用を抑止することだけに限定するという政策である。

ちなみに、将来的な核ゼロを目指して新たな核軍縮・不拡散政策を提言するために、日豪両政府が二〇〇八年に設立した国際賢人会議「核不拡散・核軍縮に関する国際委員会(ICNND、川口順子《よりこ》元外相とオーストラリアのギャレス・エバンズ元外相が共同議長)」は、「唯一の目的」政策をこう定義付けている。

「核兵器保有の唯一の目的は、核兵器が自国ないし自国の同盟国に対して使用されることを抑止することにある」（International Commission on Nuclear Non-proliferation and Disarmament, *Eliminating Nuclear Threats: A Practical Agenda for Global Policymakers*, 2009, p.173）

ＩＣＮＮＤも指摘しているが、「唯一の目的」政策は、核の「先制不使用」政策と本質的に同じ考え方だ。先制不使用政策は、読んで字のごとく、核兵器をみずからが先に使わない政策のことを意味する。ＩＣＮＮＤは「核を持ついかなる敵に対しても核兵器を予防的あるいは先制的に使用しないことを誓約し、自国あるいは同盟国に対する核攻撃に続く報復の手段としてのみ核兵器の使用を可能とするもの」と説明している（ICNND, Information Sheet No.9, "Nuclear Doctrine: No First Use and 'Sole Purpose' Declarations," 2009）。

先制不使用政策は冷戦時代にソ連が一時主張した。この政策では、敵が通常戦力で攻めてきても核戦力を使った反撃は控え、あくまで敵が最初に核を使った場合にのみ、こちらが初めて「核のボタン」に手を掛けることになる。しかし、こうしたソ連の主張を西側諸国は「単なるプロパガンダ」と一蹴してきた経緯がある。実際、ソ連崩壊後の一九九三年、ロシアはソ連時代に唱えていた先制不使用政策を撤回した。ロシア政府は現在、核兵器には自国の安全を守る「死活的役割」があると強調し、核を先行使用するオプションを堅持している（ICNND, Information Sheet No.9）。

広島、長崎への原爆投下が非核保有国に対する核の先行使用であったことからも明らかなように、米国はこれまで一貫して先制不使用政策を拒否し続けてきた。

そもそも米国が核兵器を開発・保有したのは、ナチス・ドイツの原爆開発を恐れたためで、ナチス降伏後は、米国に比べるとはるかに原始的な核技術研究を行っていた日本を標的とした。そして第二次世界大戦が終わり、ソ連との冷戦が熾烈化し始めると、朝鮮戦争の戦費増大に伴い、通常戦力よりも安価な戦力を求めたアイゼンハワー政権は核戦力を重視。一九五五年の西ドイツを手はじめにトルコやイタリアなどNATO同盟諸国内に米国の核兵器を配備し始め、アジア地域においては五四年末ごろに始まった沖縄をはじめ、韓国やフィリピン、台湾に核兵器を順次貯蔵、配備していった（太田『日米「核密約」の全貌』六二－六三ページ）。

アイゼンハワー政権が描いた核戦略「大量報復戦略」は、こうして世界中に展開した米核戦力を脅しの源泉とし、ソ連はじめ東側陣営が西側に攻め込むのを防ぐことを狙った。特に欧州において第二次世界大戦後の通常戦力バランスはソ連に有利で、赤軍が西ドイツ領内に奇襲攻撃を仕掛けてくる、あるいはベルリンで本格的な軍事衝突が起きれば、アイゼンハワーは「核のボタン」に手を掛けることも辞さない構えだった。

ソ連が核を使わずとも、通常戦力で攻撃してきたら、圧倒的な核戦力で応酬するというのが大量報復戦略の基本原則であり、そこには核の先制不使用という概念はみじんもない。

英国、フランスも基本的に同じで、NPT体制下の核保有国の中では中国が唯一、先制不使用政策を公言している。NPTの枠外にいるインドも先制不使用を宣言しているが、生物・化学兵器攻撃に対しては核報復の可能性を温存しているようだ（ICNND, Information Sheet No.9）。

賢人の勧告

ただ核保有国に「先制不使用」を宣言されても、本当に実際の核兵器の運用指針がそうなのか、それを客観的に検証することはなかなか難しい。「先制不使用政策を採っています」と、口先では何とでも言えるからである。実際、冷戦時代にソ連が先制不使用政策を表明しながら、実は核の先行使用も念頭に置いていた実態が近年明らかになり、「先制不使用」という言葉自体がリアリスト（現実主義者）や保守派の間では受けが悪い。

そこで核保有の目的を、核が自国ないしは同盟国に使われることを抑止することに限定した「唯一の目的」が、「オバマNPR」で採用されるか否かが、大きな争点として浮上した。なお、核廃絶の道筋を論じる国際賢人会議ICNNDは、米政府のNPR策定作業が佳境を迎えた二〇〇九年晩秋に報告書を発表し、オバマ政権と核保有国に以下の勧告を行った。長くなるが、報告書からそのまま引用したい。

「核兵器が究極的に廃絶されるまでの間、すべての核保有国は、明確な『先制不使用』宣言を行い、核をもっている可能性のあるいかなる敵に対しても予防的あるいは先制的に核兵器を使用しないと誓約するとともに、自国あるいは同盟国への核攻撃に続く報復手段としてのみ、核兵器の使用もしくは使用の威嚇を行いうることとしなければならない。現段階においてそのような宣言を行う準備がない場合、すべての核保有国は、核兵器が完全に廃棄されるときが来るまでの間、少なくとも、核兵器保有の唯一の目的は自国あるいはその同盟国に対して、核兵器が使用されることを抑止することにあるという原則を受け入れるべきである。（中略）とりわけ重要なのは、少なくとも『唯一の目的』声明が二〇一〇年初期に公表が予定されている米国の『核態勢の見直し〔NPR〕』に盛り込まれることである。これは他の核保有国をより積極的にさせる圧力となり、二〇一〇年NPT再検討会議での『二重基準』議論を軽減させることになる」（ICNND, *Eliminating Nuclear Threats: A Practical Agenda for Global Policymakers*, p.177）

「唯一の目的」政策が採用されれば、それは実際的に核の先制不使用につながり、核兵器の持つ戦略的役割は大きく低下する。核の役割低減を目指すオバマに対し、「核の賢人」は「唯一の目的」をNPRで宣言すべきとの明確なメッセージを送った。日本やオーストラリアといった米国の「核の傘」を重視する米国の同盟国政府が立ち上げた賢人会議が、ここまで明快な主張をするとは私自身、当初は想定していなかった。

なおICNNDには川口順子、ギャレス・エバンズ両共同議長のほか、二〇〇七年初頭に「核兵器のない世界」と題した寄稿を米紙ウォール・ストリート・ジャーナルに行い、オバマの核政策立案にも多大な影響を与えた「四賢人」の一人で米議会戦略態勢委員会のトップ、ウィリアム・ペリー元米国防長官、軍縮問題に長年取り組んできたノルウェーのグロ・ハルレム・ブルントラント元首相が参加。さらに中国の元国連大使や英国の首相顧問経験者、インドの元首相首席補佐官、さらにパキスタンの元合同参謀総長など、世界的に著名な外交官や専門家が名を連《つら》ねていた。

仮にすべての核保有国が「唯一の目的」を受け入れれば、核戦争が起きる可能性は激減する。冷戦後二〇年以上が経過した現在も米国は、有事が起これば、核兵器を先行使用できる核戦力態勢を取っており、大統領の命令を受けて三～四分程度で発射できる核弾頭は九〇〇発程度といわれている。ロシアも同様の即時発射態勢を堅持しており、「唯一の目的」政策を米ロ両国が採用すれば、一触即発の核戦力態勢が大幅に緩和される。

また核保有国がこうした宣言を行えば、NPT体制を、核兵器を「持つ者」と「持たざる者」に峻別《しゅんべつ》した「ダブルスタンダード（二重基準）」と批判する非核保有国の不満を和らげることができ、NPTに立脚した国際的な核不拡散体制の維持・強化が図れるとの効用も見込まれる。

「核なき世界」を目指す道のりを考えるにあたり、「唯一の目的」は避けて通れない重要な通過点といって差し支えないだろう。オバマが「唯一の目的」政策へと方針転換できれば、それは米軍事史、いや米国の歴史と世界史にとって、大きなエポック・メーキングになる――。私はICNNDの議論を取材しながら、二〇一〇年前半に公表される「オバマNPR」にこんな期待を膨らませていた。

パラダイム転換ならず

しかし、オバマは最終的に「唯一の目的」政策の即時採用を見送った。賢人会議ICNNDの勧告したパラダイム転換は、結果的に取り入れられなかったのだ。二〇一〇年四月公表のNPRは「唯一の目的」について、こう表明している。

「米国とその同盟国、友好国への核攻撃を抑止することを、米国が保有する核兵器の唯一の目的とすることを目標にしながら、米国は通常戦力能力を強化し、核兵器を使わない攻撃を抑止するにあたって核兵器の役割を低減させ続けていく」（U.S. Department of Defense, *Nuclear Posture Review Report*, 2010, p.17）

「唯一の目的」政策はあくまで将来目標であり、現時点で即座に採用しない方針を明示している。これに関して、国防総省でNPR策定の中心的役割を果たし、NPR公表からしばらくして政権を離れた元国防総省高官は、退官直後の二〇一〇年八月二四日、私のインタビューにこう背景を説明している。インタビュー記録の一部をそのまま引用する。

「多くの〔軍縮・不拡散、反核系の〕団体がわれわれの元へやってきて、核兵器の唯一の目的が〔核攻撃の〕抑止にあるという声明を出すよう要求した。しかし、少なくとも米国が直面する世界は、『唯一の目的』政策とは相いれないものだ。米国はわれわれを頼りにする同盟国とともに、複雑な世界に生きている。（中略）大統領もこうはっきり考えた。核兵器は、同盟国

（の安全）を保障し、北朝鮮やイランのように核兵器に関する義務をきちんと果たさない国家が核以外の兵器を使うことを抑止するという、他の目的に資していると。（中略）唯一の目的を公言できるほどの地点にまで到達できていればよかったが、われわれはまだそこには至っていない。世界は依然、危険な場所だ。われわれは誰にも米国の真意を誤解されたくなかった。それで、より慎重な姿勢を取り、中間的な立場を選んだ。それはこれまでの政策からの変更で、核不拡散の義務を履行している国に対しては核兵器を使ったり、脅しに使ったりすることはないという声明だった」

この説明によると、「唯一の目的」政策が採用されなかった理由はいくつかある。

まず「複雑な世界」「危険な場所」に暮らす米国の同盟国政府が依然、米国の「核の傘」をとても頼りにしているという実態である。

さらにその「危険」をかみ砕いて解説すると、別の理由が浮かび上がる。それは、核開発を続けると同時に生物・化学兵器の保有が懸念される北朝鮮、さらに「平和利用」名目で核技術開発に邁《まい》進《しん》するイランの存在だ。これらの潜在敵国が「核以外の兵器」を使うことを抑止するためにも米国の核兵器は必要で、「唯一の目的」を宣言するには時期尚早だというのだ。

そこで「唯一の目的」はあくまで将来目標に掲げ、「中間的な」措置として「強化された消極的安全保障（NSA）」を採択することで、北朝鮮とイランに対する抑止効果が減殺《げんさい》することを防いだというのが、この元高官が言わんとするところだ。さらにこうした考え方は、オバマ大統領その人のものであると。

元高官の話を続けよう。

「われわれは二つの国と難しい関係にある。北朝鮮は核爆発装置を爆発させ、核兵器六～八発分の物質を保有している。イランは明らかに核兵器を獲得する道筋にあるようだ。米国との関係は〔イスラム革命のあった〕一九七九年からまずいものになっている。われわれは、平壌やテヘランに攻撃的な行動を促すような、核兵器に関するシグナルを発したくなかった」

「唯一の目的」の即時採用を見送った大きな理由が、北朝鮮とイランにあったことが読み取れる。

これに関して先に登場したホワイトハウス高官は「主たる議論は北朝鮮だった」と言明した。生物・化学兵器計画の存在が指摘される北朝鮮のほうが、「唯一の目的」政策を選択することの阻害要因として大きかったというのが彼の説明だ。

イラン・イラク戦争で化学兵器攻撃の惨劇をこうむったイランは化学兵器禁止条約（ＣＷＣ）を批准しており、実戦的な化学兵器計画が実在することを確認できる情報はない。また生物兵器計画についても米国のインテリジェンス機関は決定的な証拠をつかんでいないようだ。

これに対して、北朝鮮はＣＷＣにも加盟せず、化学兵器開発を続けている可能性が高い。生物兵器についても一九八〇年代前半以降、能力獲得に動き始めたとの脱北者情報がある（NTI website, “Overview: Iran,” “Overview: North Korea” を参照）。

核保有国の強迫観念

米政府の中で「唯一の目的」政策を特に強く支持したのは、核廃絶論者として知られる科学技術担当の大統領補佐官、ジョン・ホルドレンと部下の核専門家、スティーブ・フェターだった。しかし、「核なき世界」を目指すオバマが率いる政権内からは、二人への援軍は最後まで現れなかった。同じホワイトハウス高官などによると、「唯一の目的」に難色を示したのは、北朝鮮が通常兵力で先制攻撃してくる事態を危惧したジェームズ・スタインバーグ国務副長官や、日本に付与している「核の傘」弱体化を恐れるキャンベル国務次官補らだった。やはり、朝鮮半島で在韓米軍や韓国軍と鋭く対峙する北朝鮮軍部の動向が、「唯一の目的」政策採用の大きなハードルになっていたことが分かる。

また、「核の傘」にしがみつく被爆国、日本の存在もそれなりに大きかった。前章で密かに対議会工作を進めた在米日本大使館の動きを詳述したが、オバマの言う「核なき世界」が北朝鮮や中国から自分たちを守る抑止力を損なう結果につながるのではないか、と懸念する日本政府の声を代弁する親日勢力がワシントンでは健在だったわけだ。

核軍縮推進派のジョセフ・バイデン副大統領ですら「唯一の目的」には二の足を踏んだといい、「結局、大統領に『唯一の目的』政策が選択肢として提示されることはなかった」(ホワイトハウス高官)。日本政府高官も「オバマ政権内に『唯一の目的』を支持する者はいない」と大統領側近から耳打ちされた、と私に明かした。

さらに、「唯一の目的」政策が見送られたのには、もう一つ別の理由があった。それは、冷戦終結から二〇年以上が経過し、今や敵対する核保有国が存在しないにもかかわらず、自国の核武装を正当化し続ける英国とフランスからの圧力だった。NPTの認めた核保有国である両国は現在も、二〇〇～三〇〇発の核兵器を自国の安全保障の根幹として組み入れている。英国については今後、一二〇発程度まで削減が進む予定だが、それでもソ連が消滅して久しい現在、一〇〇発を超える核を堅持し続ける理由は乏しいはずだ。そんな状況下でも核にすがりつづけるのは、「核兵器こそが国際政治のパワーの源泉である」との時代錯誤ともいえる大国意識が、英仏両国のエリート層に厳然と染《し》み付いているからにほかならないだろう。

核超大国の米国が「唯一の目的」政策に舵を切れば、自分たちの核保有の論理的根拠が揺らぎかねない――。こんな誤った強迫観念が英国とフランスをして、オバマ政権に「外圧」を掛ける結果となった。

ここまで詳述した理由から、核の先制不使用につながる「唯一の目的」政策は即時採用されなかった。それでもオバマ政権内には、核廃絶論者のホルドレンら「唯一の目的」を強く支持する声が一部にあり、最終的に妥協の産物としてこんな言葉がNPRに盛り込まれた。

「米国の核兵器の根源的な役割（fundamental role）は、米国とその同盟国、友好国への核攻撃を抑止することにある。核兵器が存在する限り、その役割は続く」（U.S. Department of Defense,

Nuclear Posture Review Report, 2010, p.15)

「根源的な」と訳される〝fundamental〟のほかに、〝primary（主たる）〟や〝essential（非常に重要な、必須の）〟という修飾語も候補に挙がり、NPRを策定する関係省庁の副長官・次官級の会合でも議論されたが、結局は「根源的な役割」との表現に落ち着いたという。先のホワイトハウス高官の言葉を借りるなら、「唯一の目的」政策に強く難色を示す勢力から、「妥協へ向けたとてつもないプレッシャー」が掛けられたという。

岡田、再び動く

それでは、オバマ政権が最終的にまとめたNPRの中で、核巡航ミサイル「トマホーク」の扱いはどうなったのか。「核の傘」の弱体化を恐れる在米日本大使館が米議会の戦略態勢委員会に対し、退役については事前に相談してほしいと要望していた、潜水艦発射型の戦術核の扱いである。米国内の「核のタカ派」はこうした日本側の動きを巧みに利用し、核トマホークを温存させる方向へと事態を導こうとしていた。

前章の最後に、日本政府の対米工作の実態を描いた二〇〇九年一一月二三日付の共同通信配信の拙稿を転載した。この記事が出た翌二四日、外務省の記者会見ではさっそく、外相の岡田克也と記者との間でこんなやりとりが交わされた。

中国新聞の金崎由美記者　昨日から、本日にかけて一部報道がありました米国の議会が設置した戦略態勢委員会に対して、日本政府側が小型貫通核の保持や核トマホークの退役に関しては、日本に相談するように求めたという内容の報道について、大臣は事実関係をお調べになる意志はございますか。

岡田外相　あります。前政権の時のことではありますが、どういうことを述べたのか私は大臣ですから、私なりに把握したいと思っています。

金崎記者　大臣ご自身は小型貫通型の核ですとか、戦術核、トマホーク等は日本に米国の「核の傘」のいわゆる構成要素として必要ないとお思いでしょうか。日本の「核の傘」の強化に役に立つ、あるいはならない、逆にマイナスが多いなど、どういった考えをお持ちでしょうか。

岡田外相　そういうことを先に言ってしまいますと、いろいろな予断が生まれますので、私は事実関係をしっかりと確認したいと思っているところです。

金崎記者　戦略態勢委員会自体は米国のNPRに関連して議会が設置したものですが、核態勢の見直しを議会に提出されるのが今年の末までと決まっておりますが、そういった意味でのタイムスケジュールというのは考えておりますでしょうか。

岡田外相　日本も政権交代があったので、また状況は変わっているだろうというように、おそらく米国でも認識をされていると思います。いずれにしても自主体制をしっかりと、予想といいますかあまり勝手な議論をすべきではないと思いますので、事実関係をしっかり確認した上でどう対応

するか考えたいと思います（二〇〇九年一一月二四日の外務大臣会見記録より）

核密約で浅からぬ縁にある岡田が、再度、私の記事を読んで「事実関係を調査する」と言い出したのだ。

私は内心、「これはおもしろい展開になったな」と思った。なお、ここに登場する金崎記者は二〇一三年初頭現在、広島を拠点とする中国新聞の論説委員。原爆や戦争と平和をめぐる報道で数多い実績を残す中国新聞の中でも、核問題の専門記者として活躍されている。私自身、彼女の仕事ぶりには敬意を抱いており、こうやって自分の調査報道記事を外相会見で取り上げてもらえることは光栄なことだった。

取材源の表現

岡田外相のこの発言後、彼の側近から私に直接的なアプローチがあった。側近は私の携帯に電話をかけてきて「何を根拠にこの記事を書いているのか。関連文書などがあるのか」と問い合わせてきたのだ。

前章で詳しく取り上げた、在米日本大使館員と戦略態勢委員会のやり取りを記したリーフのハルペリンあてメモについては、メモを提供してくれた米核専門家から口外しないよう、きつく言われていた。だから、岡田の着手した調査にも、このメモのコピーそのものを提供するわけにはいかなかった。ただ岡田の側近には、自分の記事が関係者の証言だけに依拠したものではなく、何らかの記録に基づいた、より裏付けのしっかり取れた記事である点を強調しておいた。

ジャーナリズム論に少し立ち返るが、関係者の証言なるものを扱う場合、われわれ記者の側には細心の注意と十分な警戒が必要だ。現在進行形で進んでいる外交交渉や、核兵器などの機微情報が絡むテーマをめぐっては、時として取材自体にたいへん苦労する。外交官や政策決定者が、そもそも記者に話をしたがらないためだ。それは、交渉がまさにその時点で推移していたり、立案した政策が最終的な決定を行う政治指導者の了承をまだ得ていなかったり、あるいは外交上や安全保障上の機密に関わる情報であったりするからである。

そうした困難な取材現場においては、とかく、聞いた話をけっして活字化してはならない「オフレコ」や、取材源を匿名とする「バックグラウンド」といった取材方式が取り入れられがちだ。前章の最後に掲載した拙稿も、匿名の「委員会関係者」の証言がその拠《よ》り所になっている。

しかし匿名の証言というのは、読者との関係を考えると、実は不確かで不誠実なものだ。「政府関係者」「外交筋」というニュースソースの表記は、喋《しゃべ》っている人間が政府内の人物あるいは外交官であることがおぼろげに伝わる。しかし実名で証言している場合と違って、その発言について匿名の証言者が読者に責任を直接負えるわけではない。仮に証言に事実誤認があったり、意図的なスピン（都合のいい説明をして記者を誘導すること）が掛かっていたりしたら、あとでそのことが判明しても、証言者が匿名であるために、その証言者が読者の前に出てきて「間違っていました。ごめんなさい。真相はこうです」と釈明するわけにもいかない。

一方、実名の証言ならば、証言者は読者に対して直接責任を負うことになる。もちろんその発言を報じた記者にも責任は生じるが、実名の証言にうそがあれば、そのうその直接的な責任は証言者に帰する。だからオンの証言というのは、説得力があるし、責任の所在が明確だし、読者に対して親切だ。

それに「関係者」という表現はじつにあいまいで、普通の読者にしてみれば、政府内のどの地位にある人物が、あるいはどのレベルの人間が話しているのか、おおかたの予測すらもつかない。米政府などの場合、「政府関係者」といっても、政府内の当局者もいれば、最近辞めて民間人になった元当局者もいるだろうし、民間シンクタンクに在籍しながら政府の非常勤アドバイザーを務めている専門家も含まれ、じつにその範囲が広い。

私がワシントン在任中、米政府と頻繁に接触する日本大使館員も「米政府関係者」に含まれる、との説を耳にしたことがあるが、これにはさすがに閉口せざるを得なかった。「米政府関係者」と呼ぶからには、少なくともその「関係者」が直接、米政府と深い関係を持っていなくてはならない。日本大使館員は日本の外交官で、日本政府の職員である。いくら対米追従の外交姿勢が顕著であるとはいえ、日本の公務員は日本の国益を背負っているはずで、米国の国益を代弁しているわけでも何でもない。にもかかわらず、日本の公務員を「米政府関係者」などと表記することは、読者に対してあまりにミスリーディングで不誠実極まりない。私自身はこうしたソースの表記方法が許されるはずもないと思っている（情報源の問題に関しては藤田博司『どうする情報源　報道改革の分水嶺』リベルタ出版、二〇一〇年を参照)。

いずれにせよ、私が岡田外相の側近に伝えたかったのは、自分の記事は「委員会関係者」という匿名の証言に立脚しているが、それをしっかり裏打ちする文書の証拠が残っており、記事の信憑性にはそれなりに自信があるという一点だった。

クリスマスの外相書簡

私の記事を契機に、米国の核政策をめぐる日本政府の対米工作に関して新たな調査を行うと明言した岡田外相。その調査結果は、彼が一ヵ月後の二〇〇九年一二月二四日にヒラリー・クリントン国務長官に送った書簡に集約された。

書簡は、「現在貴国において進められている核態勢の見直し(NPR)に関し、私の基本的な考え方を申し上げます」との書き出しで始まる。その文面は岡田の核兵器観を映し出すと同時に、抑止論に対する民主党内の考え方を知るうえで示唆に富む。以下に順を追って、書簡の重要箇所を引用しながら、解説していきたい。

「言うまでもなく、我が国の安全保障にとって、日米安全保障条約はその根幹をなすものであり、我が国政府は、核抑止力を含む貴国の拡大抑止に依存している現実を十分に認識しています。そして、この抑止の信頼性は十分な能力によって裏付けられる必要があります。

他方、我が国政府は、オバマ大統領が『核兵器のない世界』を掲げ、貴国が世界の核軍縮・核不拡散、そして、核廃絶の先頭に立っていることを高く評価しています。我が国としても、貴国とともに、その崇高な目標の実現に向けて努力したいと考えています。

したがって、我が国政府としては、貴国の拡大抑止を信頼し、重視していますが、これは、我が国政府が『核兵器のない世界』という目標と相反する政策を貴国に求めるものではありません」

岡田は「核抑止力」と「拡大抑止」という二つの言葉を登場させ、両者を慎重に使い分けている。日本にとっての「核抑止力」とは米国が提供する「核の傘」にほかならない。岡田はこの「核抑止力」が、「拡大抑止」、つまり米国の軍事力全体が日本にもたらす抑止効果の一角であるとの認識を示したうえで、オバマ大統領がプラハ演説で表明した「核なき世界」という「崇高な目標」を支持する姿勢を鮮明にしている。

おそらく岡田が言わんとしていることは、こういうことだろう。

日米安保を基軸に位置付ける日本は米国の抑止力に依存している。その抑止力には「核の傘」も含まれるが、日本は大統領の「核なき世界」というビジョンを高く評価し、被爆国としてその一助たり得たい。「核なき世界」へのステップを踏み出すと、「核の傘」にも少なからぬ影響を及ぼしうるところではあるが、「拡大抑止」は何も米国の核兵器のみで構成されているわけではない。通常戦力やミサイル防衛（ＭＤ）といった軍事的要素も重要な「拡大抑止」の源泉だ。だから、それらがもたらす「拡大抑止」の総和を保ちながら、核廃絶に向けた大統領のイニシアティブを支援していきたい――。

岡田は続けて書簡に、こうしたためている。

「我が国の一部メディアにおいて、本年五月に公表された『米議会戦略態勢委員会』報告書の作成過程の中で、我が国外交当局者が、貴国に核兵器を削減しないよう働きかけた、あるいは、より具体的に、貴国の核トマホーク（TLAM／N）の退役に反対したり、貴国による地中貫通型小型核（RNEP）の保有を求めたりしたと報じられています。

しかしながら、我が国政府は、貴国の特定の装備体系について、それを持つことが必要であるか、持つことが望ましいかについて判断する立場にありません。したがって、前内閣の下で行われた協議ではありますが、私は、我が国政府として、上記委員会を含む貴国とのこれまでのやり取りの中で、TLAM／NやRNEPといった特定の装備体系を貴国が保有すべきか否かについて述べたことはないと理解しています。もし、仮に述べたことがあったとすれば、それは核軍縮を目指す私の考えとは明らかに異なるものです」

一見、「一部メディア」の報道内容、つまり私の記事を否定するかのように読める。この書簡を起草した外務省事務方の意図もそこにあるのかもしれない。しかし、前章の末尾に転載した拙稿（157～158ページ）に再度ご注目いただくと、この書簡が私の記事を否定できていないことに気付かれるだろう。

私は、「我が国外交当局者」つまり在米日本大使館員が「核トマホークの退役に反対したり」、「RNEPの保有を求めたりした」とは書いていない。核トマホークの退役については「事前に協議してほしい」と大使館側が働きかけたと記述しただけだ。またRNEPに関連しては、「地中貫通型の小型核の保有が望ましい」「低爆発力の貫通型核が核の傘の信頼性を高める」との見解を大使館側が表明したと書いており、ブッシュ前政権が開発をもくろんだRNEPそのものの「保有を求めた」との書きぶりは避けている。当時の大使館員への取材から、日本側が個別具体的な兵器の名前を挙げながら、「核の傘」堅持を求めたことはなかった事実をつかんでいたからだ。

だから、岡田の書簡にある「一部メディア」が共同通信を指すとしたら、書簡が前提としている事実関係には誤認があると言わざるを得ない。

右に引用した最後の一節も非常におもしろい。「一部メディア」の報道を否定しておきながら、「もし、仮に述べたことがあったとすれば」との一文をわざわざ付記している。岡田はこの書簡を送るにあたり、省内関係者から事情を聴くなど、それなりの裏付け調査を進めたはずだ。なのに、「仮に述べたことがあったとすれば」と書き足し、調査で得られた結論とは逆の可能性、つまり「我が国外交当局者」が戦略態勢委員会に働きかけを行っていた可能性を否定しきれていないのである。

書簡を読んだクリントンもおそらく戸惑い、驚いたのではないか。なぜなら付記した一文は、外務官僚のことを百パーセント信じることのできない岡田の本音を吐露しているからだ。

核トマホーク退役へ

岡田のクリントンあて書簡をもう少し引用したい。

「ただし、TLAM／Nの退役が行われることになる場合には、我が国への拡大抑止にいかなる影響を及ぼすのか、それをどのように補うのかといった点を含む貴国の拡大抑止に係る政策については、引き続き貴国による説明を希望するものです」

岡田は、冷戦時代の残滓である核トマホークTLAM／Nの退役に反対していない。ただ退役する場合は、「核の傘」を含む抑止力全体にいかなる影響があり、核トマホークに代わっていかなる兵力が抑止の空白部分を埋めるのか、詳細な説明を行ってほしいとクリントンに要求している。

岡田のこの書簡が発出された後、私は複数の外務省当局者に取材し、米側が最終的に核トマホークの退役についてどのような説明を日本政府に行ったのか聞いてみた。その答えは〝redundant(余分な、余剰な)〟のひと言だったという。

潜水艦発射型の核トマホークであるTLAM／Nは冷戦が終わってから、実戦配備されておらず、万が一の有事に備えて米国本土に待機中であったことにはすでに触れた。冷戦が終わって二〇年余、この間に北朝鮮の核危機が東アジアに緊張状態をもたらしたが、核トマホークを東アジアに再配備しようというオプションが現実味をもって米政権内で検討されたことはなかった。米国は下手したらどこに飛んでいくかも分からない、命中精度の低い核トマホークに頼らなくても、大陸間弾道ミサイル（ICBM）や潜水艦発射弾道ミサイル（SLBM）はじめ、頑強で確実性の高い核戦力を十二分に備えている。

しかも、米国の同盟国を守る抑止力は核戦力だけではない。米軍はブッシュ（子）政権時代から、わずか一時間以内に地球上のあらゆる標的を破壊できる通常戦力「プロンプト・グローバル・ストライク（迅速性の高い地球規模の打撃力、通称PGS）」の研究・開発を進め、ミサイル防衛の整備にも余念がない。抑止力全体に占める核戦力の割合が相対的に低下すれば、それだけ従来ある一部核戦力は〝redundant〟な存在となる。旧来型の核戦力であり、長らく貯蔵庫に眠っていた核トマホークTLAM／Nはまさに、そうした存在だった。

そして二〇一〇年四月公表の「オバマNPR」でも、その退役がはっきりと宣言された。

いささか長くなった本章を閉じる前に、「オバマNPR」の策定を終えて引退したばかりの元国防総省高官から二〇一〇年八月に聞いたコメントを紹介したい。

「日本の外相が国務長官に『これは重要な兵器システムではない』と言及する。そうなると、長官は米政府内の議論において、この兵器を維持しようという方向で議論を展開することはしないだろう。日本の友人が『われわれには、この兵器は必要ない』と言明したのだ。クリントン長官は、核兵器の数量と役割を低減するオバマ大統領の立場を支持している（中略）必要ないと判断した兵器システムを保有することはない。私の知る限り、米政府の高いレベルで〔核トマホーク退役に〕反対する声はなかった」

これまで何度か登場してくれたホワイトハウス高官も二〇一〇年五月、岡田の書簡の効用は大きかったと私に語った。日本政界でもひときわ核軍縮・不拡散問題に熱心で、なかなか持説を曲げない「原理主義者」岡田克也の面目躍如である。

広島市の平和記念公園内原爆慰霊碑前で核実験抗議の座り込みを行う被爆者ら。前列傘の下が森瀧市郎（1993年7月21日）

第7章

核と日本人

——二〇一一年三月一一日

2011.03.11

刻まれた瞬間

二〇一一年三月一一日、午後二時四六分。日本人の大半が、この時刻を生涯忘れることのない瞬間として自分史の中に刻んだはずだ。

あまりにも多くのかけがえのない命、その命が育《はぐく》んできた無数の幸せ、長い歳月をかけて先人が積み上げてきた生きることの証……。けっして言葉では表現できない、ひとつひとつの大切なものが、大震災と大津波、そして巨大原発事故によって瞬時にして奪われてしまった。

私が異常な振動を感じたのは、東京都八王子市にある多摩モノレール「中央大学・明星大学駅」でモノレールを下車した直後のことだった。

多摩に赴《おもむ》いたのは、この日の夕方、中央大学で行われる勉強会に参加するためだった。勉強会は日中関係史や日本の近現代史の研究で優れた実績がある中央大学教授の服部龍二が主催した。新進気鋭の歴史研究者、森田吉彦《よしひこ》の著書『評伝　若泉敬　愛国の密使』(文春新書)を題材に、著者本人を招いて若手研究者の間で大いに議論を交わそうというのが、会の狙いだった。

私は服部から、この勉強会に「討論者としてぜひ参加してほしい」と頼まれ、港区東新橋のオフィスから多摩まで足を延ばした。私自身は新聞記者であるが、核密約問題を長年取材してきたことを買われての依頼だった。こうした勉強会は取材上、有意義なことが少なくない。特に森田のような熱心な若手研究者は時に、大きな新聞ネタになるような重要な公文書を発掘したり、興味深い新発見を披露してくれたりして、学者ならずとも本当に勉強になるし、取材の糧になる。

多摩モノレールの駅で体感した地響きのような長い揺れは、これまで経験したことがないものだった。

ただ揺れの感覚から、首都圏全体を襲う直下型地震ではないと即座に直感し、そのまま歩いて中央大学へ向かった。勉強会の会場となる教室に入ると、また大きな揺れが襲う。大学の建物内はしばらく立ち入り禁止となり、初春と呼ぶにはあまりに肌寒い曇天の空の下、大学敷地内のベンチに腰掛けながら、服部や森田はじめ十数人で野外勉強会が行われた。

このころになると、東北の沖合を震源とした巨大地震であることがニュースで伝わり、さすがに私も会社に戻ったほうがいいと思った。だが電車はすべて不通、都心へ帰る術もなく、勉強会の後の懇親会に参加しながら、電車の復旧を待ったのを覚えている。

自宅に戻れない帰宅困難者でごった返す新宿駅を経由して、東新橋のオフィスに戻れたのは、日付が変わった三月一二日の午前一時を過ぎてからだった。すでに数時間後に配られる朝刊の編集作業はおおかた終わり、この日、私は新聞記者として何の貢献もできなかった。

そしてこのときは、よもや三度の水素爆発で放射性物質が大量に飛散する未曾有の巨大原発事故が起きるなどと、想像すらできなかった。

根源的な問い掛け

今になって思えば、因縁を感じざるを得ない。

過去一〇年近く追い続けてきた日米密約に関する勉強会に出掛けた矢先に、東京電力福島第一原発事故の引き金となる巨大地震と大津波が発生した。すでに第1章から第3章にかけて詳述したが、核密約は二〇〇九年春の四外務次官証言、その年夏の政権交代選挙、そして岡田外相主導の日米密約調査によって、一〇年春には一つの区切りが付いていた。

私としてはこの動きと並行して、私生活で筆舌に尽くしがたい悲しみと苦悩に直面したこともあって、二〇一一年に入っても時おり、虚脱感というか虚無感に襲われることが少なくなかった。政府が頑としてつき続けた「国家のうそ」が暴かれ、核密約問題にとりあえずの終止符が打たれたことも、この虚脱感をいっそう深めた要因だったのかもしれない。

と同時に、どことなくホッとした気持ちが心の中にあった。核密約のほかにも、前章で触れたオバマ政権による「核態勢の見直し（NPR）」をめぐる取材が一段落していたからで、都心からやや離れた中央大学で開かれる勉強会に電車でのんびり出掛けられるのも、私がそうした環境に置かれていたからにほかならない。

だが、日本人の誰にとっても生涯忘れることがないであろう「三・一一」は、そんな私に巨大できわめて難解な問いを新たに突き付けることになった。

それは「人類は核と共存できるか」という根源的な問い掛けである。

広島、長崎への原爆投下でその非人道性と非人間性の本性をまざまざと見せつけた核兵器が、人類と共存できないのは明らかだ。もちろん、「核の傘」や核抑止論に依拠して核兵器の存在自体を擁護する議論はいくらでも可能だろう。北朝鮮が核開発を続け、イランが高度な核技術を獲得しつつある現在、「世の中に核兵器がある限り、その使用を抑止する核は必要」との議論はますます説得力を増しているかのようにも見える。

しかし、だ。こうした思考様式は、どう考えてもおかしな話だ。使うことによって次世代への遺伝的影響すら心配せねばならない核兵器が再度使用されたら、その被害は人間社会全体に及び、甚大かつ深刻な非人道的帰結を招くことは火を見るより明らかだ。地球環境と生態系への壊滅的な影響が出ることも必至で、東京電力福島第一原発事故を経験した今、核戦争による放射能被害がいかなる顚末を人類全体にもたらすか、その重大さはいくら強調してもし過ぎることはない。

そんな「絶対悪」ともいえる核兵器に依存した地域的な安定や国際安全保障は、真の安心と安全を人類にもたらさない。大国が核兵器に依存すればするほど、より弱い国は核兵器を持とうとし、北朝鮮に代表されるように、そのことが国内権力を握る者にとって独善的な地位保全装置と化してしまう。テロリストが主権国家から流出した核分裂性物質を入手する危険性、さらにインドやパキスタンを含めた核保有国による偶発的核使用のリスクを考えると、核兵器が人類全体にとってやっかい極まりない存在であることは明々白々だ。

やや楽観的に聞こえるかもしれないが、「核兵器の役割低減」の重要性を訴えたオバマ大統領の提言はそうした意味で、「人類は核兵器と共存できない」という公理の実践に向けた重要な最初の一歩だと理解したい。

「平和利用」とNPT

それでは、核兵器ではなく、原子力という「核のパワー」の民生利用はいかに考えればいいのだろうか。実は東日本大震災の以前、私自身は「原子力の平和利用」に積極的ではないにしても、比較的肯定的な意見を持っていた。「推進派」ではないが、「容認派」だった。その背景にあったのは、現代国際社会の「核の憲法」とも呼べる核拡散防止条約（ＮＰＴ）に対する国内世論の根強い信奉だ。

ご承知のとおり、ＮＰＴは①核保有国による核軍縮努力、②核兵器の拡散阻止、③原子力平和利用の担保――の三本柱の上に成り立っている。核兵器を「持つ者」と「持たざる者」に峻別《しゅんべつ》したＮＰＴは、同じ主権国家に二重基準を用いており、不平等条約であることは疑いもない。一九六〇年代に米国とソ連、英国が条約成立を主導した経緯からも、ＮＰＴの一義的な目標が新たな核保有国の登場を阻止すること、つまりすでにこの段階で核実験を実施していたフランス、中国を加えた五つの核保有国による核兵器の独占体制の確立にあったことも間違いない。

こうした制度的な欠陥がＮＰＴにあるとはいえ、核保有国はこれ以上増えないのがいいに決まっている。また、核軍縮義務の履行を促すNPTの存在があるゆえに、核大国の米国とロシアに加え、中国や英国、フランスに対して国際社会が核軍縮促進の圧力を加えていくことができる。

一方でNPTは「持たざる者」への配慮として、「核の平和利用」が何人たりとも「奪い得ない権利」であることを認めている。「平和利用」とは軍事目的を除いた核の民生利用であり、具体的には医療用の放射性アイソトープの活用をはじめ、農産物の品種改良、原子力発電などが挙げられる。

原子力の軍事利用が五つの核保有国に独占されることをしぶしぶ受け入れた非核保有国は、その代償として「平和利用の権利」を獲得した。そしてその代償の下に不平等条約を受け入れ、核保有国に対しては核軍縮を強く求め続けるという「グランド・バーゲン（大取引）」が成り立っている。そんなNPTは今日まで、曲がりなりにも核の国際的秩序を保ってきた。

NPTは五年に一度、その運用状況を点検し、必要に応じて将来の運用方法を改善していくために、全加盟国がニューヨークの国連本部に集まる「運用検討会議」なるものが開催されている。会議の冒頭は各国代表が演説を行い、二〇一〇年の会議ではオバマ政権内の大物、ヒラリー・クリントン国務長官が米国を代表して演説を行った。

この際、クリントンは核超大国である米国みずからがその核戦略の透明性を高める考えを表明。この演説に合わせて米国防総省は、国家の最高機密である「五一一三発」という保有核兵器数を初めて公表した。なお運用検討会議の開催期間中は、核軍縮促進を訴えるNGOのサイドイベントが催された。会場には広島と長崎の被爆者も参加して「自分たちが生きている間に核廃絶を」と国際世論に訴えかけた。

原発容認派だったワケ

私は共同通信のワシントン特派員だった二〇〇五年五月、四週間にもわたるこのNPT運用検討会議のおおかたを取材する機会に恵まれた。取材現場に行って何より驚いたのは、この長い国際会議を常時取材していたのが、日本人記者だけだったということだ。日本の大手メディアは五年ごとに開かれるこの会議に多くの記者を動員し、会議が最終的に合意文書を採択できるか否か、結果のみならずその経過を事細かに報じている。こんな報道をしているのは、世界中を見回しても日本のメディアだけだ。米欧の大手メディアはせいぜい、会議が始まったことと米国など主要国代表の演説を報じ、会議最終日に公表される合意文書の中身を記事化するだけだ。

この内外の報道ギャップは、NPTに対する認識のギャップでもある。「持つ者」と「持たざる者」をあらかじめ峻別した不平等条約であり、「グランド・バーゲン」の重要要素である核保有国の核軍縮努力も十分とはとうてい言えないが、まずはNPTを足掛かりに核廃絶へ向けた道筋を描こうという考え方は日本国内に少なくないはずだ。そして「NPTを支持するか」と聞かれれば、多くの国民は、不支持ではなく支持を選ぶであろう。不完全ではあるが、NPTに代わって核の国際秩序の無秩序化を阻止できる包括的な国際法体系がほかに存在しないからだ。技術的で専門的な議論が中心のNPT運用検討会議を四週間ぶっ通しで取材するのが日本のメディアだけという事実も、国内世論のNPTに対する強い関心と支持の裏返しと考えていいだろう。

こうした理由で私自身、NPTを支持しており、「核なき世界」という険しい頂上への登山を成功させるには、NPT体制がきわめて肝要な〝ベース・キャンプ〟になると確信している。

そして最終的に法的拘束力をもった形で「核兵器ゼロ」を実現するには、核兵器の開発、製造、保有や、威嚇を含めた使用を全面禁止した核兵器禁止条約（NWC）の発効が必要となる。

なお、現在の潘基文《パンギムン》国連事務総長は二〇一〇年の「原爆の日」を機に広島、長崎の両被爆地を訪れるなど、歴代の国連事務総長の中でも、とりわけ核軍縮に熱心なことで知られる。

二〇一二年の「原爆の日」にも「核兵器の存在は正当化できない」とのメッセージを世界に発した。このメッセージを広島で代読した国連の軍縮担当上級代表、アンゲラ・ケインに取材したら、「〔メッセージは〕事務総長の強い信念。歴代国連事務総長の中に核軍縮に熱心な人物はいたが、潘氏ほどの人はいない。私の長い国連生活の中でも〔事務総長がここまで核軍縮に熱心なのは〕珍しいことだ」と力説していた。

そんな潘は早くから、核兵器を全面禁止するNWC制定へ向けた国際交渉の重要性に言及し、二〇一〇年のNPT運用検討会議で採択された最終文書もこの点に触れた（Unite Nations official document, "2010 Review Conference of the Parties to the Treaty on the Non-Proliferation of Nuclear Weapons, Final Document, VolumeI"）。

米国をはじめとする核保有国が自国の核兵器を国家安全保障の観点から正当化し、日本政府をはじめとする核を持たない同盟国が「核の傘」に依存する実情を考えると、NWCの成立はおろか、交渉入りすらままならないのが国際政治のシビアな現実だ。したがって、なかなか一足飛びにNWCへと行き着くのは容易なことではない。

だからこそ、不平等条約としてかねて欠陥が多く、「平和利用」の名の下に軍事転用可能なウラン濃縮技術を獲得したイランの核問題などで綻《ほころ》びが明白になったとはいえ、NPTを当面の土台として、「核なき世界」への国際的な合意を地道に積み上げていくほかない。

そして、そんなNPTは、非核保有国に核兵器保有をあきらめさせる見返りとして「原子力平和利用の権利」を正当化している。

NPTの着実な履行とその問題点の整理→NPTの問題点を踏まえたNWC成立への国際的機運醸成→国際交渉を経たNWCの成立とその普遍化→「核なき世界」の実現――。

こんな方程式をぼんやりと考えていた私は、日本人にとって運命の日である「三・一一」まで、「核なき世界」実現への足場としてのNPT体制を擁護する立場から、原発容認派だったのだ。

反核の巨星

今から約二〇年前の一九九二年の四月のことだ。共同通信に入社し、広島支局に赴任した。大手メディアに入社した新人記者の大半がそうだが、私もまず県警クラブに在籍し、いわゆる「サツ回り」をするよう命じられた。慣れないサツ回りを始めて間もない最初のゴールデンウィーク、米国の行った核実験に抗議して平和記念公園内の原爆死没者慰霊碑前で座り込みをする被爆者の取材をするよう指示され、こんな短い記事を書いた。

◎米核実験で座り込み

米国がネバダ州で四月三〇日実施した地下核実験に抗議して、広島の被爆者、市民約一〇人が〔五月〕三日正午から一時間、広島市中区の平和記念公園・原爆慰霊碑前で座り込みをした。

同公園での座り込みは今年三回目、通算四六三回目。

この日もそうだったが、四〇〇回を超える座り込みの中心には一人の老被爆者がいた。この座り込みから二〇ヵ月後の一九九四年一月に九二歳で逝去した哲学者、森瀧市郎《もりたきいちろう》だ。中国山地の山あいにある広島県北部の旧君田村《きみたそん》(現在は三次《みよし》市に合併)に生を受けた森瀧は、長い被爆者運動の歴史において万人が認める「反核の巨星」だろう。

長年、森瀧とともに平和運動を続け、私とも浅からぬ親交があった当時の原水爆禁止広島県協議会常任理事で被爆者の近藤幸四郎は森瀧の死去を受け、「愚直ともいえる姿勢で反核平和を追い求める人だった。私たちの象徴で、偉大な巨星が堕つ、という感じで残念でならない」とのコメントを共同通信に寄せている。

なお近藤自身は二〇〇二年の八月、六九歳で亡くなった。近藤は終生、被爆者が連帯することの重要性をたえず訴えながら、同じように悩み苦しむ被爆者を助け、励まし続けた。被爆者運動を陰で支えた功労者であり、私にとってもとても大切な恩人である。

「森瀧先生」「森瀧先生」と多くの広島市民や反核運動家が慕い続けた森瀧は一九四五年八月六日午前八時一五分、広島高等師範（現広島大）の教授時代に爆心地から約四キロで原爆に遭った。その際、ガラス片で右目を失った。しかし、その片目の喪失に象徴される壮絶な被爆体験は、まさに不屈かつ反骨と表現すべき反核平和思想に結び付く。森瀧は残る左目で見た原爆の地獄絵から、力の原理を否定する「平和哲学」を唱える。そして、すべての核のパワーを否定する「核絶対否定」の考え方を生み出した。

森瀧は広島大学の倫理学教授として教壇に立つ傍ら、一九五四年の第五福竜丸事件を機に反核運動の組織化を図り、五五年には第一回原水爆禁止世界大会を実現、原水爆禁止日本協議会（原水協）の結成に動いた。五六年には被爆者の全国組織、日本原水爆被害者団体協議会（被団協）の設立に関わり、被爆者救済のための原爆医療法と原爆特別措置法（現在は被爆者援護法として統合）の成立に尽力した。

そんな森瀧には語り継がれる多くの語録がある。


「核廃絶はできるかできないかの問題じゃない。しなければ人類は滅んでしまう」

「精神的原子の連鎖は、物質的原子の連鎖に勝たなければならない」

「人類は生きねばならぬ。生きるためには核とは共存できぬ」

特に最後の言葉は有名だ。東京電力福島第一原発事故から最初の「原爆の日」となった二〇一一年八月六日、広島の松井一實市長はこの森瀧の言葉を引用しながら、「平和宣言」を世界に発した。その部分を以下に引用したい。

「東京電力福島第一原子力発電所の事故も起こり、今なお続いている放射線の脅威は、被災者をはじめ多くの人々を不安に陥れ、原子力発電に対する国民の信頼を根底から崩してしまいました。そして、『核と人類は共存できない』との思いから脱原発を主張する人々、あるいは、原子力管理の一層の厳格化とともに、再生可能エネルギーの活用を訴える人々がいます。日本政府は、このような現状を真摯に受け止め、国民の理解と信頼を得られるよう早急にエネルギー政策を見直し、具体的な対応策を講じていくべきです」（二〇一一年平和宣言、広島平和記念資料館ウェブサイトから）

原発肯定から核絶対否定へ

核と人類は共存できない——大原発事故が起こるずっと前から、原子力発電を含む「核のパワー」を全面的に拒絶した「反核の巨星」、森瀧市郎。

しかし意外なことに、被爆から丸一一年になる一九五六年八月、森瀧はこんな言葉が刻まれた被団協の結成宣言を起草している。

「私たちは今日ここに声を合わせて高らかに全世界に訴えます。人類は私たちの犠牲と苦難をまたふたたび繰り返してはなりません。破壊と死滅の方向に行くおそれのある原子力を決定的に人類の幸福と繁栄との方向に向わせるということこそが、私たちの生きる限りの唯一の願いであります」（日本被団協結成大会宣言、一九五六年八月一〇日、日本被団協ウェブサイトから）

日本の原水爆禁止運動の歴史を語るに当たり、「核絶対否定」のシンボルといえる森瀧が半世紀以上前に、核の「平和利用」を是認し、「人類の幸福と繁栄」のためにこれを推進する立場を取っていたことが分かる。

「ポスト三・一一」の脱原発の流れの中で、この結成宣言を読み返された方は、驚きと違和感を覚えられたかもしれない。「反核」は「反原発」に通じるところが多く、同じ放射能被害に苦しめられた被爆者のおおかたはきっと、長きにわたって原発にも反対してきたに違いないと考えられがちだからだ。

森瀧はこの結成宣言から約二〇年後の一九七五年になって、原発も含めたすべての核を否定する「核絶対否定」の思想を明確に表明する。それは、原発という「平和利用」を名目とした原子力利用であっても、原発事故が膨大な数の核の犠牲者をつくり巨大な地球環境汚染を招来し得ることや、ウラン採掘に始まる核燃料サイクルの工程において多くの放射能の被害者が生まれざるを得ないこと、さらに原発から出る無尽蔵とも呼べる「核のゴミ」の処分に何らめどが立っていないことに、森瀧自身が気付いたからだった。

一九七五年八月五日に森瀧が「被爆三〇周年原水爆禁止世界大会・国際会議」で日本側代表として行った基調講演を、やや長くなるが以下に引用してみたい。

「私たちのこうした危惧〔筆者註・核保有や核拡散に伴う脅威への危惧〕がつのる一方で、他方面からも核の危険がつのってきております。それは核エネルギーの『平和利用』という名の下に進められている原発であります。

核エネルギーの推進者たちは、石油危機を逆手にとって、次代のエネルギーは核以外はないというキャンペーンをくり返しております。しかしながら、世界各地につくられつつある原発はそのことごとくが、安全の保障しえないものであり、その欠陥を露呈し、トラブルを起こしております。こうして放射能による環境汚染問題は人類の等しく批判しなければならないものとなりつつあります。原発から出る放射性廃棄物はいかなる処理の方法もないのですから、核分裂エネルギーの利用を進めれば、いずれはこの有限な地球という惑星全体の放射能汚染へと発展せざるをえません。原発の稼働によって生じる半減期二万四〇〇〇年のプルトニウムは人類社会に耐えかねない重圧をもたらすことも必然です。

核エネルギーの平和利用もまた人類を危機に陥れることは間違いありません。その上、核の平和利用は同時に軍事利用に容易に転用できることも自明であります。

私は以上の概観の上にたって、この核の時代三〇年を総括して、〝核分裂エネルギーを利用する限り人類は未来を失うだろう〟というテーゼを提起したいと思います。
と申しますことは、人類は核と共存することはできない故に、核分裂利用のすべてを否定する核絶対否定の理念をいよいよ高く掲げ、人類の生きのびる道を切り開いてゆかなくてはならないということであります」（森瀧市郎追悼集『人類は生きねばならぬ　森瀧市郎の歩み』森瀧市郎追悼集刊行委員会、一九九五年）

この演説が行われた一九七五年は米スリーマイルアイランド原発事故が起きる四年前で、チェルノブイリ原発事故もこれから一〇年以上が経過してからの話だ。ましてや東京電力福島第一原発事故が発生するのは三五年後。しかし森瀧は七〇年代半ばにおいてすでに、原発という巨大システムに内在する構造的問題を鋭く指摘し、放射性物質に起因した巨大事故が起きた場合の人道的危機の本質をみごとに洞察している。

森瀧はまた、「三・一一」後の現在もまともな「解」を見いだせない、原発から出る使用済み燃料をはじめとした高レベル放射性廃棄物処分問題の根深さを、混迷を深める未来を予測したかのごとく怜悧《れいり》に見抜いている。

「核の平和利用」が利用する者の心持ち一つで核兵器製造に転用できる真理に言及しているのは、この演説を行う前年の一九七四年、NPT未加盟のインドが「平和利用」名目に核実験を強行した歴史的背景と絡んでいるのだろう。イランが「平和利用」と称して核兵器製造につながるウラン濃縮技術の開発を長年進め、イスラエルや米国との緊張関係が極度に高まる昨今の状況を思えば、森滝がこのとき発した警告は、慧眼《けいがん》そのものと呼ばざるを得ない。

「反核の巨星」が今から約四〇年前に鳴らしたいくつもの警鐘。「核絶対否定」の哲学を導き出した、「平和利用」に対する冷静沈着ながらも人間的なまなざしは、原子力が支える文明社会が内包する矛盾と脆弱さ、そしてその両者がいずれ招来するかもしれないカオスの深源をじっと見据えている。

揺れた巨星

それにしても、原子力の被害者である森滝市郎はじめ被爆者はどうして、先の戦争から十余年後の一時期、「平和利用」を容認する立場に傾いたのか（もちろん森滝が「核絶対否定」を打ち出した後も、被爆者の中には原発を容認する方が多くおられた）。

また、そもそも考えてみるに、広島、長崎の二度の被爆体験、さらに一九五四年の太平洋ビキニ環礁での水爆実験で「死の灰」を浴びた漁船「第五福竜丸」の被ばく事件という三度の「被爆／被ばく」にもかかわらず、どうして日本人は原発を受け入れてきたのか。東京電力福島第一原発事故の前、日本全国には五〇基を超す原発があり、世界唯一の被爆国は米国、フランスに次ぐ原発大国だった。

まず前者の問いを探求しようと、「三・一一」から最初の原爆忌を迎えた二〇一一年八月、広島に森滝の次女、森滝春子を訪ねた。

父の遺志を受け継ぐ春子は七〇を過ぎ、病を患いながらも今なお社会変革に意欲的だ。同じ核の被害者を生み出す劣化ウラン弾の問題にも長く取り組み、草の根の反核運動を支え続けている。父を彷彿《ほうふつ》とさせる、大きく見開いた眼光は根っからの芯の強さを感じさせ、その持説を語る表情は凛《りん》とする一方、会話が和《なご》むと人懐《なつ》っこい少女のような笑顔をのぞかせる。

春子は原爆が投下されたときはまだ六歳で、広島県北部に疎開していた。小学四年生のときに広島市へ戻るが、同級生に孤児が多いことに心を痛めた。高校生になると、仲間とともに被爆者への聞き取り調査を進めるなど、被爆体験の風化に抗する活動を続けてきた。

そんな春子は、「原子力の平和利用」をめぐる父市郎のおよそ半世紀前の心境をこう端的に表現してみせた。

「父は揺れていた」

さらに春子は「あまりの悲惨さを体験したからこそ、科学を繁栄に生かしたいとの思いがあった」とも語り、父と被爆地の心の揺れの裏側を解説してくれた。

非人道性を極限化させた絶対悪である核兵器の存在は断じて許すことはできない。この世のこととは思えない生き地獄の再現は二度とあってはならず、自分たちと同じ惨禍を誰にも味わわせたくはない――。そんな「核のパワー」への怒りと憎しみ、恨みが充満する一方、見渡す一面が焼け尽くされた原野から戦後の歩みをスタートさせた被爆地は、新たな生の再構築へ向けて再生の途上をひた走らなければならなかった。

そして被爆から一〇年が経過して戦後復興が軌道に乗り、平和都市としての発展をさらに目指していく最中に、自分たちを人間以下の存在に貶《おとし》めた「核のパワー」が殺戮や破壊のためではなく、発展と繁栄のために「平和利用」されるという新たな概念に被爆者たちは接した。

とてつもない核のエネルギーを「破壊と死滅の方向」ではなく、「人類の幸福と繁栄との方向」に向かわせることが本当に可能になるのなら……。無数の「死」をもたらした邪悪な破滅的エネルギーを、「生」を際限なく拡大できる希望のパワーとして不可逆的に活用していけるなら……。

そう悩み考え尽くした一応の結論が、先に見た一九五六年八月一〇日の日本被団協の結成大会宣言に集約されていたのではないだろうか。

もちろんそのこと自体は、被爆地にとって安易な選択ではなかった。

「広島、長崎の被爆者が率先して〔平和利用を〕受け入れたわけではないと思う」

こう語る春子が「原発には原爆投下の免罪符の意味もあった」と鋭敏に洞察するように、「平和利用」という美名に対する猜疑心と警戒心が静かに渦巻いていたことは間違いない。市郎も実際、後述する広島への原発建設構想が持ち上がった一九五五年には、「平和利用」とはいえ避けて通ることのできない放射能の問題を世に喚起している。それでも五六年の夏、被爆地は「平和利用」を受け入れた。

この帰結について春子は「その時代を表している」と評してみせた。当時の森瀧と被爆地の心の動きを規定した、春子の言う「その時代」を少し振り返ってみたい。

対日プロパガンダ

被爆者が一致団結して「核兵器廃絶」を訴えることはおろか、原爆被害に対する補償と救済を求めることも憚《はばか》られた一九四五年から五〇年代初頭にかけての占領時代。そんな占領時代の終焉《しゅうえん》は日米関係にとって大きな転換点であると同時に、戦後日本の原子力史の出発点となった。

第二次世界大戦中、未熟とはいえ原爆開発を密かに進めた日本は占領中、米占領当局によって原子力に関するいっさいの研究・開発を禁じられていた。日本の原子核物理学の草分けで、旧帝国陸軍の原爆開発計画「ニ号研究」で知られる仁科芳雄《にしなよしお》博士ですら戦後は、空襲をかろうじて逃れた東京・本駒込の研究室で医薬品などの開発に勤しみ、結局、サンフランシスコ講和条約の調印を見ないまま一九五一年一月にこの世を去っている。

そして講和条約が発効して占領体制が完全に解かれた翌年の一九五三年一二月八日、ドワイト・アイゼンハワー米大統領が国連総会で「平和のための原子力（アトムズ・フォー・ピース）」と題した演説を行うと、日本は占領後も守護者であり続ける米国に牽引《けんいん》される形で「平和利用」にのめり込んでいった。アイゼンハワーの演説の後、日米間では原子力をめぐるさまざまな動きが、まさに連鎖反応的に展開していく。

一九五四年九月二一日、米原子力委員会のトーマス・マレー委員は米東部ニュージャージー州で演説し、広島と長崎の殺戮の記憶を払拭《ふっしょく》するために米国の手で日本に原子炉を建設することを提言した。また米連邦下院議員のシドニー・イェーツは五五年一月二七日、下院で演説し、広島に発電用原子炉をプレゼントする構想を打ち上げた。このマレーとイェーツの提案に加え、米ジェネラル・ダイナミクス社のトップ、ジョン・ホプキンスは同じころ、ソ連の原子力政策に対抗して「原子力マーシャル・プラン」を提起、「原子力の火」を通じて日本を含めた当時の途上国の戦後復興を進めていく対ソ冷戦戦略を打ち出した。

ホプキンスの構想には、一九五六年一月に初代原子力委員長となる正力松太郎が即座に呼応した。正力率いる読売グループはまず、五五年五月、ホプキンスらを「原子力平和利用使節団」として東京に招き、日比谷公会堂で原子力利用を促進する講演会を盛大に開催した。また五五年一一月以降、東京を振り出しに、名古屋、京都、大阪、福岡、札幌、仙台など全国各地で「原子力平和利用博覧会」が開かれた。正力の地元である富山・高岡でも開催された。唯一、県庁所在地ではない都市での博覧会だった。

正力松太郎（1955年8月）

この博覧会は言うなれば、正力の政治的思惑と米国の冷戦戦略の落とし子だった。

博覧会の主催者には、読売新聞や各地の有力メディアのほかに、米対外宣伝機関の広報文化交流局（ＵＳＩＳ）が名を連ねた。ＵＳＩＳは親米世論形成のための海外向け放送「ボイス・オブ・アメリカ（ＶＯＡ）」を所管したほか、反共工作の一環として日本映画の制作まで手掛けた。その内実は、〃心理戦の先兵〃とも呼べるプロパガンダ機関だった。

　こうした動きが顕在化する直前の一九五四年三月一日、太平洋ビキニ環礁で行われた水爆実験「ブラボー」で第五福竜丸が「死の灰」を浴び、日本国内には空前絶後の反核運動が巻き起こっていた。

　アイゼンハワー政権は先鋭化する対ソ冷戦の文脈上、この国民的な動きが反米感情に転化し、いずれ日本が西側陣営から離脱して中立化することを強く恐れた。そうした大きな冷戦構造の脈絡で、ＵＳＩＳはじめ米政府の関係機関は「平和利用」を前面に押し出すプロパガンダ工作を仕掛け、日本の反核世論の沈静化を図ろうとした。

　そして、この米国の対日政策に乗っかる形で、被爆国への「原子力平和利用」導入の旗振り役を担ったのが、実業家上がりの保守政治家で、原発プロジェクトの成功をステップに総理の椅子をも視野に入れていた正力松太郎、その人だった。

　また正力と平仄《ひょうそく》を合わせるかのように、中央政界で原発導入の道筋を切り開いたのが、ビキニ被ばく直後の一九五四年春に初の原子力予算二億三五〇〇万円の計上に成功し、原子力基本法制定に動いた親米保守の政治家、中曽根康弘だった（この節は山崎正勝『日本の核開発：１９３９〜１９５５　原

中曽根康弘（1958年3月）

爆から原子力へ』績文堂出版、二〇一一年：山岡淳一郎『原発と権力　戦後から辿る支配者の系譜』ちくま新書、二〇一一年：有馬哲夫『原発・正力・CIA　機密文書で読む昭和裏面史』新潮新書、二〇〇八年を参照）。

かくして五四基へ

こうやって森瀧春子の指摘した「その時代」が形成され、被爆地も少なからず感化されていった。

一九五六年五〜六月に開かれた広島での「原子力平和利用博覧会」には、一〇万人以上が会場に足を運んだ。実物大の原子炉模型や核連鎖反応を示す電工式モデル、原子力船や原子力飛行機の模型などが展示され、中でも人気を集めたのは、放射性物質を遠隔操作する「マジック・ハンド」だった。五月二七日の博覧会開幕当時の地元紙中国新聞をめくってみると、前日の開会式に際して会場を事前見学した広島の各界代表のコメントが掲載されている。

「こういう風に原子力が平和的に利用されることによって人類の平和と幸福が近い将来、必ず約束されるであろうという感じを持った。あらゆる分野で原子力が人類の福祉増進のために利用されている状況がよく分かるのだが、われわれの立場からいうと、原子力が最初に人類の前に姿を現した原爆という悪魔のツメによっていまなお病床に呻吟している多くの人たちが現にいる限り、あらゆる平和利用に先立って原爆症に対する治療法とか、予防法などの研究に第一目標を置いて欲しい。そうであってこそ現在原爆症のために絶望的な思いでおられる被害者たちに〝生きていてよかった〟という明るい希望を与え得るのだと思う。つまり原子力平和利用は一切の原水爆兵器の禁止と原爆症の根治方法の研究というこの二つが前提でなければならぬと思う」

広島で開催された原子力平和利用博覧会を報道する1956年の中国新聞

原爆で父と妹を失い、被爆者救済の先頭に立ってきた運動のリーダー、広島原爆被害者同盟事務局長の藤居平一のコメントだ。
核兵器禁止、そして原爆症の根治を目指した研究がまずありきで、その後にようやく「平和利用」があるとの考え方に立っている。ただ原子力の「平和利用」が「人類の平和と幸福」を将来的にもたらすとの印象も語っており、核の「軍事利用」と「平和利用」を明確に区別し、前者を完全否定する立場を取っていることが分かる。この軍・民の峻別と核兵器の絶対否定が、当時の多くの被爆地市民の思いに共通するところではなかっただろうか。
森瀧市郎のこんなコメントも藤居のコメントの後に紹介されている。

「原子力利用のうえで広島人はとくに放射能に敏感になっている。原子炉で燃えカスをどう処理するのか、原子炉はあってもそれがどこにも示されていない。こうすればよいというところがみせていないのが残念だ。利用のよい面は分かるが死の灰の危険をなくするのにどうするのか、その質問にこたえるものがみせてほしい。これは消極面についてで、積極面ではその応用の大きいこと、それが分りよく見せてあることで興味をもった」

東京電力福島第一原発事故を受け、原発から出る使用済み燃料を再処理して抽出した核分裂性物質プルトニウムを再度、軽水炉の燃料に使う、あるいは今なお実用化のめどが立たない高速増殖炉の燃料に使い、消費した以上のプルトニウムを増殖するという「核燃料サイクル」の実現は難しくなった。そこで現在クローズアップされているのが、この森瀧のコメントが示唆する「燃えカス」、核のゴミ問題である。

現代社会の窮状を見透かしたようにきわめて鋭敏な問題意識を持ち、半世紀以上前から警鐘を鳴らしていた「反核の巨星」。一方で森瀧は「平和利用」の「積極面」にも言及しており、この時点では原発容認派だったことが見て取れる。

一九九〇年代に広島市長を二期務め、私の新人記者時代の取材対象だった平岡敬《たかし》も当時、「平和利用」の心地よい響きに感化された一人だった。中国新聞に勤めてまだ日が浅かった当時の平岡は、被爆地での平和利用博覧会にみずから足を運んでいる。

博覧会が大々的に開かれたとはいえ、被爆地がどうして「平和利用」を簡単に容認してしまったのか。二〇一一年の八月、こんな質問を平岡にぶつけたら、明快な答えが返ってきた。

「原子からエネルギーを取り出す科学に心奪われた。竹やりで勝つという戦時中の精神主義への反動としての科学主義。〔当時は〕科学への信頼と楽観主義があった……科学の力で再建しなければならないとの論調が当時強かった。核エネルギーの『善用』が『平和利用』。そこに米国による洗脳があった」

新聞記者時代、被爆後に朝鮮半島へ戻るが日本政府の救済措置を受けられず、長らく放置されていた在韓被爆者の問題を掘り起こしたことで知られる平岡は、広島を代表するジャーナリストであり文化人だ。

自身が市長のときの平和宣言で「核の傘」から脱却する必要性を訴え、被爆地として初めて核抑止論に根ざした日米安保体制の問題点を鋭く世に問うた人物でもある。

その平岡をもってして、「心奪われた」とまで言わせてしまった「平和利用キャンペーン」のすさまじさ。三度の「被爆／被ばく」にもかかわらず、どうして日本人は原発を受け入れ、五四基もの原発が未曾有の原発惨事の直前まで存在していたのか。

平岡の放ったひと言、「洗脳」という二文字が、原発大国の素地を形成する重要な要素の一つだったことは間違いない。

事故から２年、作業が続く東京電力福島第一原子力発電所（2013年２月３日）

終章

核

——厚い秘密のベール

「核の同盟」

この本の執筆と出版が決まったのは、二〇一一年三月一〇日夜。東日本大震災の前日である。私が勤める共同通信本社からほどない東京・新橋の一角で、焼酎のグラスを傾けながら、二〇〇八年出版の『アトミック・ゴースト』の編集でお世話になった講談社の倉田卓史氏、本書を手掛けてくれた井上威朗氏と構想を練り合った。

翌一一日、東日本が大地震と大津波に襲われ、原子炉のメルトダウンが始まると、私の取材内容と日常生活は一変した。足掛け一〇年を要した核密約報道に象徴されるように、それまで兵器や軍事を中心に「核」を見詰めてきた私の関心はこの一大事件を機に、原発や核燃料サイクルといった「平和利用の核」に大きくシフトするようになった。「三・一一」の直後は会社の宿泊施設に連日泊まり込み、福島第一原発の1～4号機の原子炉内と使用済み燃料プールの挙動推移にひたすら全神経を奪われ、もちろん本書の執筆を始めるどころではなかった。

首都圏三〇〇〇万人の退避という「最悪のシナリオ」を回避できる見通しが何とか立ってからしばらくして、本書のための筆をようやく執《と》ったと記憶している。

それから、この最終章に行き着くまでに二年の歳月が流れたことになる。本書の分量を考えれば、明らかな遅筆であろう。原発事故の背景や戦後の原子力政策、日米の原子力協力の軌跡を検証する新聞記者としての本業の傍《かたわ》ら、週末でも育児や家事から解放された二～三時間の合間を縫って細々と本書を書き進めていたことが、その最大の理由であると言い訳したうえで、今回の遅筆の利点を簡単に紹介して次なる著書につなげたいと思う。

その利点とは、時間をかけて本書を書きながら新聞記事執筆のための日々の取材・調査を進めることで、何となくそれまでは核兵器や核戦略、核軍縮、さらには核不拡散分野の「オタク」に近かった私には見えなかったものが、見えるようになったということである。やや大げさな物言いかもしれないが、私にとってはある意味、覚醒の時間が流れたのだ。

私が「見えるようになった」ものというのは、日米が「重層的」な「核の同盟」であるという動かしがたい事実だ。

「今ごろおまえは何の戯言《たわごと》をほざいているのか」「そんなことはとうの昔から分かりきっている」。そう思われる読者もおられるであろう。そのような賢者には素直に自身の不明を詫びたい。ただお許しいただけるのなら、「重層的」という表現にご注目を賜り、最後までお付き合いいただきたい。

ご承知のとおり、日本は核兵器を持たず、つくらず、持ち込ませずの「非核三原則」を国是とする非核保有国だ。今この現在、「核の傘」に守られながらも、究極的には核廃絶を目指すという立場も国際社会に表明している。したがって、米国の戦術核約二〇〇発を自国領土内に受け入れたうえで、有事の際にはこれを米軍と共同運用する北大西洋条約機構（ＮＡＴＯ）と違って、日米同盟を「核の同盟」と呼ぶのは的外れではないか、とのご指摘もあろう。

米国と並んでＮＡＴＯの主翼をなす英国自体が核武装しており、そのことからも「核の同盟」を自称するＮＡＴＯと同じレベルで、日米関係を特徴付けることは無理とのご批判も当然かもしれない。

それでも私は日米同盟をあえて「核の同盟」と呼ぶし、現実と照らし合わせると、そう性格付けるべきだと確信する。

第1～3章で触れた核密約の背景にあったのは、米国が日本防衛を約束して提供してきた「核の傘」だった。「傘」にしがみつき続けた被爆国の政府は一九六〇年代から一貫して、しかも冷戦が終結してもはや米軍核搭載艦船が日本に寄港しなくなってからも、この密約に固執し、二〇〇九年まで国民にうそをつき通した。

第4章以降では、「核なき世界」を提唱する米大統領が突如現れ、中国や北朝鮮という実存的ないしは潜在的な脅威を目の前にしながら、「核の傘」の堅持・強化に腐心する日本政府の外交工作に光を当てた。

日本はみずからけっして核兵器の所有者、ないし運用者にはならなかった。一九六〇年代の佐藤栄作政権期には独自核武装の秘密研究まで行われたが、結局、狭小な国土しか持たないという戦略的な地政学上の理由や、ウランを含めた資源を外国に依存しているなどの点から、みずからの核保有オプションをあきらめた。その半面、日本の歴代政治指導者とそれを支える官僚組織は、同盟の盟主、米国の核戦力に国防の根幹を委ねる国策を採り、「核の傘」をしぶしぶと言うよりは能動的かつ主体的に受け入れてきた。

核密約問題の底流には、長年の国策にかかわるこうした構造的要因が冷厳に横たわっているのだ。核兵器の所有者はあくまで米国だが、世界唯一の戦争被爆体験を持つ日本が、盟主の「核のパワー」と核抑止論を前提とした国防政策にどっぷり漬かり続けてきたという歴史的事実は否定できない。

日米は軍事的な意味合いにおいてまず、紛れもない「核の同盟」なのだ（「核の傘」の形成過程については拙著『日米「核密約」の全貌』第2章、日本の核武装研究については杉田弘毅『検証　非核の選択』岩波書店、二〇〇五年、I部を参照）。

「三・一一」が示す重層性

さらに「三・一一」は、日米が単に「核の傘」だけで結ばれた「核の同盟」ではなく、より重層性を持つ核同盟であることを見せつけた。

そのことはまず、二〇一一年三月一二日に最初の水素爆発を起こした東京電力福島第一原発の1号機は、米ゼネラル・エレクトリック（GE）が製造して日本に輸出していたことからも明らかだ。一九六四年に建設計画が公表され、七一年に運転開始した1号機は「ターン・キー方式」として有名だ。

自動車のことを連想してもらえれば、「ターン・キー」の意味は分かりやすい。自動車を作るのはもちろん自動車メーカーだ。そして、それを売るのは市中のメーカー系列のディーラーだ。自動車を買いたければ、このディーラーの元へ行って売買契約を交わし、ディーラー側が新車の点検・整備を入念に行い、購入者に鍵（キー）を渡す。この時点ではディーラーのお膳立《ぜんだ》てで役所への車両登録はもちろん、保険にも当然入っている。つまり車の鍵をもらい、これを鍵穴に差し込んで回す（ターン）だけで、購入者はその日から車をやすやすと運転できる。

原子炉の「ターン・キー方式」もこれに近い。福島第一の1号機の場合はGEが製造した原子炉やその関連機器が米国から送られてきて、GE側が試運転まで付き合ったという。実際に発電できることが確認できれば、鍵を渡してあとは東電に本格運転を任せる。その後の保守・点検もGEがバックアップするため、自動車の場合と同じように、アフターケアも万全だ。

こんな米原子力大手への「おんぶに抱っこ」で、日本の原子力セクターは初期の躍進を遂げてきた。

一九五五年一一月、米国が原子炉燃料用の濃縮ウランを日本に提供することを柱とする日米原子力協定が署名されて以来、日本で商業用原発の利用を促進するために日米が署名した六八年の原子力協定、そして八八年の発効から三〇年間の効力を持ち、日本が使用済み燃料を再処理することを包括的に認めた現行の日米原子力協定と、日本は米国との二国間条約を後ろ盾にして自身の原子力政策を構想、実現してきた。

その帰結が、米国の技術を基にして急速に増え続けた五四基の軽水炉である。さらにその延長線上には福井県敦賀市にある高速増殖原型炉「もんじゅ」があり、使用済み燃料から核分裂性物質プルトニウムを抽出する青森県六ヶ所村の再処理工場がある。「もんじゅ」と六ヶ所村の再処理工場は、米国が支持してきた日本の核燃料サイクル政策の柱だ。

日米間の「核の同盟」は、六〇年近くに及ぶ「平和利用」協力をめぐって育まれ、原子力協定の改定が回を重ねていくごとに、より強固なものとして深化してきたのである。ウラン資源に乏しく、石油や天然ガスを輸入に頼らなくてはならない日本にしてみれば、軍事的安全保障の守護者である米国にエネルギー安全保障の根幹を一定程度委ねるという選択は、この二つの安全保障概念が実は密接な関係にあることを考えると、自然な流れだったのかもしれない。「核の同盟」の二面性であり、その重層性を映し出している。

本書の最後に、巨大原発事故と事故後のエネルギー政策に関する拙稿を二本、以下に紹介して、日米核同盟の重層性をめぐる持説により説得力を持たせたい。

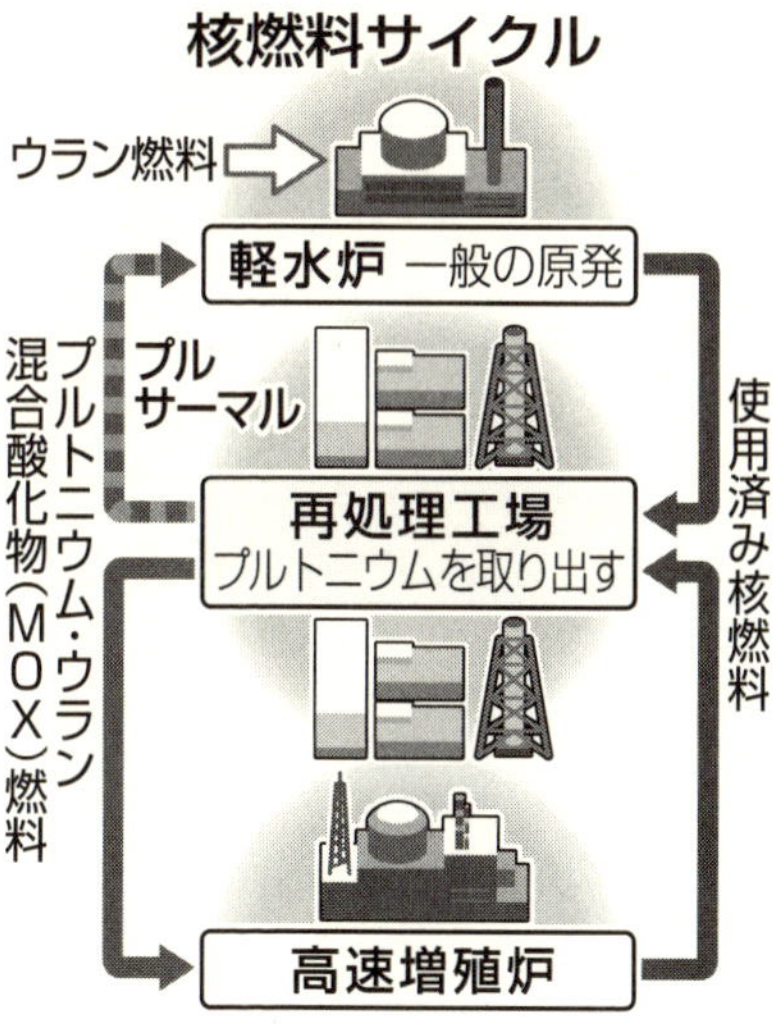

日本の核燃料サイクル

最初の記事は東日本大震災から一年を迎えた二〇一二年三月一一日付朝刊用として配信、後者は原子力政策の抜本的な見直しを進めてきた野田佳彦政権が二〇三〇年代の「原発ゼロ」を目指すとした「革新的エネルギー・環境戦略」を策定した直後の二〇一二年一〇月三日に配信したものだ。

〈二〇一二年三月一〇日配信（一一日付朝刊

用）〉

◎日本の対処能力に疑念

4号機爆発、作業員退避で　特殊部隊投入、本格支援　米、最悪シナリオ即入手

東京電力福島第一原発事故でオバマ米政権が、昨年三月一五日に4号機の水素爆発で作業員の大半が退避した時点で、日本の対処能力を疑い、対日支援リスト提示や米軍特殊専門部隊投入など本格支援に踏み切ったことが一〇日、分かった。

米側が、東京に放射性物質が飛散する最悪事態を独自に予測、日本が三月二五日に作成した最悪シナリオを即座に入手していたことも判明した。複数の米政府高官が共同通信に語った。日本政府は最悪シナリオを国民に知らせず封印し、今年一月まで開示しなかった。同盟関係にあるとはいえ、米側と即刻共有していたことは危機時の情報管理として論議を呼びそうだ。

米高官によると、三月一五日朝の水素爆発について米政府の専門家は4号機の使用済み燃料プールが干上がり、水素が大量発生したと推測。米軍無人偵察機が探知した温度上昇がこの見方を強めた。

さらに東電が同日、約六五〇人いた作業員の約九割を退避させたため「いずれ作業を放棄するのではないか」との疑念が米政府内で浮上した。

これを受け、米核研究機関のローレンス・リバモア国立研究所（カリフォルニア州）は燃料プールが全て干上がる「最悪の事態」を検討。放射性物質が首都圏にも拡散する試算が二日程度でまとまり、大統領に報告された。日本側へは示されなかった。事態がチェルノブイリ事故より悪化すると恐れる専門家もいた。

ある米高官は「爆発と退避がワシントンに大きな変化をもたらした。日本の事故対処能力に対する信頼が失われた。事態が制御不能になっていくように見え、東電も現場を放棄しだした。仰天した」と言明した。

米側はその後、注水用の資機材を提供し、特殊専門部隊「ＣＢＩＲＦ（シーバーフ）」を日本に派遣。同部隊は米本土での核テロ対処などが使命で、二つの部隊の一つを初めて海外展開した。

ホワイトハウスでは連日、大統領への特別報告が行われ、国家安全保障会議（ＮＳＣ）の会合も開催。国務、国防など各省の担当者四〇人以上が出席することもあり、オバマ政権下では「過去にない規模に膨れ上がった」（同高官）という。

〈二〇一二年一〇月三日配信（四日付朝刊用）〉

◎プルトニウム保有最少化を

原子力協定「前提崩れる」　米、新戦略の矛盾指摘　改定交渉に影響も

原発ゼロを目指す一方、使用済み燃料の再処理を継続する「革新的エネルギー・環境戦略」を打ち出した日本政府に対し、米政府が、再処理で得られる核物質プルトニウムの保有量を

「最少化」するよう要求していることが三日、分かった。

核兵器に使用できるプルトニウムの消費のめどが立たないまま再処理路線を続ければ、核拡散上の懸念が生じるため、米側は、再処理を認めた日米原子力協定の「前提が崩れる」とも表明した。日米両政府の複数の当局者が明らかにした。

日本の核燃料サイクル政策の後ろ盾である米国が、整合性のない新戦略の矛盾を指摘した格好。日本は余剰プルトニウムを持たないという国際公約によって再処理技術の商業利用が認められてきたが、その前提が揺らげば二〇一八年が期限の日米原子力協定の改定交渉にも影響しそうだ。

日本政府は九月一四日の新戦略決定の直前、与党民主党の前原誠司政調会長（当時）や長島昭久首相補佐官（同）らを通じて、ポネマン米エネルギー副長官ら米高官に新戦略を説明した。

説明を聞いた米側は（1）原発ゼロを目標に再処理路線を続ければ、使い道のないプルトニウムが増える（2）世界第三位の経済大国が原発を使わなくなれば、化石燃料の国際価格が高騰する（3）日米の企業共同体による原発輸出にも支障が出て、中国やロシアが世界の原発市場を席巻する―などの問題点を列挙した。

米側は特にプルトニウム問題に強い懸念を示し、核不拡散の国際ルールを率先して順守してきた唯一の被爆国として保有量を最少化すべきだと主張。また、今後の政策実施に「柔軟性を維持する」よう求め、閣議決定の見送りも促した。

日本は再処理施設を商業規模で持つ唯一の非核保有国。米国提供のウランを使った燃料や、米国製の原発で使用した燃料の再処理には米国の同意が必要だ。日本は一九八八年の日米原子力協定発効で、再処理について米側から事前同意を得た。

おわりに

本書は、未曾有の巨大原発事故が起きた後しばらくしてから、比較的長い時間を使ってコツコツと書き上げたものだ。

長年、軍事面の「核」を追い続けてきた私の関心はこの間、「核」のもう一つの顔である「原子力の平和利用」の裏面に向かい続けた。すでに記したように、事故を通じて「核」の二面性を強烈に実感させられると同時に、「日米核同盟」の重層性に気付かされるきわめて重要な時間が私にとって流れた。

その二面性と重層性は、「核」を包み込んできた厚い機密のベールの深層性をも内包している。私は東日本大震災が東京電力福島第一原発事故を引き起こすまで、「核」に「軍と民」、つまり核兵器開発の軍事利用と、「平和利用」と呼ばれる民生利用には一定の境界があるものの、その境界とは人知の定めた人工的なものであり、利用する者の意思次第ではいつでも越境可能であることを頭では理解していた。しかしそれは、イランや北朝鮮といった境界を越えた、あるいは境界を越えそうな懸念国の問題、つまり核兵器開発が非核保有国に広がっていく核拡散という問題意識の中での認識であり、現代の日本社会の有り様そのものに関わる問題として、リアリティをもって熟考する機会があまりなかった。

軍事の「核」が厚い秘密のベールに包まれていることは周知のとおりだろう。米国が一九六〇年代、三〇〇〇発以上の核兵器で約一〇〇〇ヵ所にも上る共産圏の標的を壊滅する全面核戦争計画「単一統合作戦計画（SIOP）」を策定していたことがその詳細をもって具体的に明らかになったのは、冷戦が終結してしばらく経ってからのことだ。現代においても、国際社会の懸念がとみに強まる中国の核戦力については不透明感がきわめて強い。日本に「核の傘」を差し向ける米国だって、世界最強の核戦力の屋台骨である戦略型原潜の運用実態をけっしてつまびらかにすることはない。

たった一発で数十万人、いや数百万人の無辜の民を傷つける「最終兵器」の全容は、どの国においても最も重大な国家機密として扱われ、国家最高軍事権力の「奥の院」に厳重に封印されている。そのことは、一〇発前後の核兵器を保有するとされる北朝鮮という、世界から「無法者」呼ばわりされる国にも通じる公理である。

一方の「平和利用」にも秘密は存在する。東京電力福島第一原発事故の対応において、そのことは顕著に表面化した。私が直接取材した一例を挙げるならば、事故発生から二週間後の二〇一一年三月二五日付で作成された政府内の文書「福島第一原子力発電所の不測事態シナリオの素描」の存在だ。

この文書は、当時の菅直人首相の要請で内閣府原子力委員会の近藤駿介委員長が極秘にまとめた、いわゆる「最悪シナリオ」だ。水素爆発で1号機の原子炉格納容器が壊れ、放射線量が上昇して作業員全員が撤退したと想定したうえで、注水冷却ができなくなった2、3号機の原子炉や1～4号機の使用済み燃料プールから放射性物質が放出され、強制移転区域は半径一七〇キロ以上、希望者の移転を認める区域が東京都を含む半径二五〇キロに及ぶ恐れがあるとしている。

この文書が作られた半年後に私と同僚は当時の菅首相を直接インタビューする機会に恵まれたが、その際に彼は最悪の場合「首都圏三〇〇〇万人」の避難が脳裏をよぎり、「国が国として成り立つのかという瀬戸際だった」と証言している。

このインタビューにおいて、近藤氏作成の秘密文書の内容が菅氏の口から明らかにされることはなかったが、しばらくして別のソースから文書を入手することができた。さらに周辺取材から、二〇一一年三月下旬に近藤氏から「最悪シナリオ」のブリーフィングを受けた菅氏ら政権中枢がこの文書を「秘中の秘」として取り扱うよう申し合わせていた事実をつかみ、二〇一二年一月に特報した。

原発事故が進展している最中にこの「最悪シナリオ」が表ざたになれば、首都圏に住む人々の恐怖心をあおり、避難パニックを巻き起こしていた恐れは排除できない。実際、菅政権中枢も当時その展開を最も恐れていたわけで、進行中の危機を制御するうえでこうした秘密管理は仕方なかったとの主張も理解できないわけではない。それでも事故が危機的状況を脱すれば、時宜を見てこうした秘密は開示すべきであるし、そこから国家的な教訓を学び取る権利がすべての市民にある。だが残念ながら、近藤氏の描いた「最悪シナリオ」が開示されたのは原発事故から一〇ヵ月を過ぎてのことだった。

たとえ「平和利用」であっても、重大事故が起きれば「核」を包む秘密のベールがこうやって深層化されていく。

さらに「軍と民」の境界をめぐっては、日本にはまだ「闇の領域」が実在する。

それは、原発から出た使用済み燃料を再処理して、これを高速増殖炉の燃料として再利用する核燃料サイクルの問題だ。消費した以上のプルトニウムを増産することから「夢の原子炉」とさえ呼ばれた高速増殖炉計画が行き詰まってから久しい。建設費だけで二兆円を超える青森県六ヶ所村の再処理工場もトラブル続きだ。そんな問題だらけの核燃料サイクル政策が、どうして長年の国策であり続けることができたのか。

そこには、利用する者の意思次第で「民」を「軍」へと転用しうる「核」が内在する根源的本質があると考える。

戦時に核兵器を使われた唯一の被爆国であり、核兵器を放棄すると宣言した非核保有国である日本。しかし実は、高度な「平和利用」が担保する軍事的要素を多分に意識した国策決定が行われてきたのではないだろうか。

米国の「核の傘」に守られながらも、その「傘」がいつか畳《たた》まれる事態に備え、軍事転用可能な民生用核燃料サイクル路線を温存し続けてきたのではないだろうか。こうした仮説の傍証となる、いくつかの痕跡を現代史の中に私は見て取ることができる。全容を依然つかめていないのでここでは多くを語らないが、この「闇の領域」の解明にも今後取り組んでいきたい。

最後に謝辞を申し上げたい。まずは本書に最後までお付き合いくださった読者の皆さまに感謝の気持ちをお伝えしたい。本を書くときはいつも「できるだけ多くの方の手に取ってもらいたい」

「少しでも多くの方に読んでいただき、後世に残るような本にしたい」と強く願う。しかし実際、本が売れるというのは並大抵のことではない。それでも「一人でも多くの方に」との一心で筆を振るってきた。そんな私の思いを受け止めてくださった皆さま方に心からの謝意をお伝えしたい。

次に、本書が扱ったテーマの取材に絡み、長年ご示唆やご洞察を賜ってきた専門家の方々への感謝の気持ちを表したい。いずれも私が尊敬すると同時に友人として敬愛する方々だ。特に新原昭治、原彬久、遠藤哲也、菅英輝、黒澤満、常石敬一、梅林宏道、阿部信泰、春名幹男、小川伸一、鈴木達治郎、我部政明、浅田正彦、高原孝生、信夫隆司、田中孝彦、田窪雅文、仲本和彦、川崎哲、秋山信将、高橋博子、黒崎輝、吉次公介、ハンス・クリステンセン、ロバート・エルドリッヂ、ビル・バー、ジェフリー・ルイス、ダリル・キンボール、チャールズ・ファーガソン、ゴードン・フレークの各先生方に深く頭《こうべ》を垂れたい。私の新聞記者生活のスタート地点であり、今なお取材の原点である広島の平岡敬、長崎の土山秀夫の両先生、そして、数々の御教授を賜った被爆者の方々にも衷心より感謝申し上げたい。

日米核密約の取材・調査には足掛け一〇年を要したが、私が禄《ろく》を食《は》む共同通信の先輩・同僚のモラルサポートがなければ、その実現は不可能だった。特に立花珠樹、会田弘継、杉田弘毅、中屋祐司、中川潔、長沢克治、上村淳、柿崎明二、沢井俊光、半沢隆実、有田司、木村一浩、土屋豪志、大西利尚、吉田昌樹の各氏は、伴侶の闘病と逝去という人生最大の苦難に陥った私を物心両面で支えてくださった。

さらに村田良平氏ら多くの歴史の証言者、岡田克也氏はじめ日米両政府の関係者にも御礼申し上げたい。取材の都合上、お名前を明記できない方が多いが、私の感謝の気持ちは重く深い。

本書を手掛けてくださった講談社の井上威朗、倉田卓史の両氏のご提案とご助言、そしてご支援がなければ、この仕事は成り立たなかった。深謝申し上げたい。

最後に私のかけがえのない家族、二人の母と二人の父、何よりも大切な二人の子ども、そして私たちと生きてくれた家内の実芭に「ありがとう」の言葉を心から送りたい。

二〇一三年三月吉日
太田昌克

Lawrence Freedman, *The Evolution of Nuclear Strategy, Third Edition* (New York: Palgrave Macmillan, 2003).
John Lewis Gaddis, *Strategies of Containment: A Critical Appraisal of American National Security Policy during the Cold War* (New York: Oxford University Press, 2005).
Pierre M. Gallois, *Balance of Terror: Strategy for Nuclear Age* (Boston: Houghton Mifflin, 1961).
Colin S. Gray, *The Second Nuclear Age* (Boulder: Lynne Rienner Publishers, 1999).
Shaun R. Gregory, *Nuclear Command and Control in NATO: Nuclear Weapons Operations and the Strategy of Flexible Response* (London: Macmillan Press, 1996).
Gregg Herken, *The Winning Weapon: The Atomic Bomb in the Cold War 1945-1950* (New York: Alfred A. Knopf, 1980).
Peter Hayes, Lyuba Zarsky and Walden Bello, *American Lake: Nuclear Peril in the Pacific* (New York: Penguin Books, 1986).
Lyndon Baines Johnson, *The Vantage Point: Perspectives of the Presidency 1963-1969* (New York: Holt, Rinehart and Winston, 1971).
U. Alexis Johnson, *The Right Hand of Power* (Englewood Cliffs, New Jersey: Prentice-Hall, 1984).
Jerome H. Kahan, *Security in the Nuclear Age: Developing U.S. Strategic Arms Policy* (Washington D.C.: The Brookings Institution, 1975).
Fred M. Kaplan, *The Wizards of Armageddon* (New York: Simon and Schuster, 1984).
William W. Kaufmann, *The McNamara Strategy* (New York: Harper & Row, 1964).
Robert F. Kennedy, *Thirteen Days* (New York: W.W.Norton, 1999).
Henry A. Kissinger, *Nuclear Weapons and Foreign Policy* (New York: W.W. Norton & Company, 1969).
Henry A. Kissinger, *White House Years* (Boston: Little Brown and Company, 1979).
Richard Nixon, *The Memoir of Richard Nixon* (New York: Grosset & Dunlap, 1978).
Janne E. Nolan, *An Elusive Consensus: Nuclear Weapons and American Security after the Cold War* (Washington D.C.: the Brookings Institution, 1999).
Keith B. Payne, *Deterrence in the Second Nuclear Age* (Lexington: The University Press of Kentucky, 1997, paper).
Keith B. Payne, *The Fallacies of Cold War Deterrence and a New Direction*, (Lexington: The University Press of Kentucky, 2001).
Scott D. Sagan, *Moving Targets: Nuclear Strategy and National Security* (New Jersey: Princeton University Press, 1989).
David Schwartz, *NATO's Nuclear Dilemma* (Washington D.C.: Brookings, 1983).
Thomas Schelling, *The Strategy of Conflict* (Cambridge, Massachusetts: Harvard University Press, 1980).
Stanley R. Sloan, *NATO, the European Union, and the Atlantic Community: The Transatlantic Bargain Challenged, 2nd Edition* (Lanham, Maryland: Rowman & Littlefield Publishers).
Jane Stromseth, *The Origins of Flexible Response: NATO's Debate over Strategy in the 1960s* (London: St Anthony's /Macmillan Series, 1988).
Nina Tannenwald, *The Nuclear Taboo: The United States and Non-Use of Nuclear Weapons* Since 1945 (New York: Cambridge University Press, 2007)

佐藤栄作著、伊藤隆監修『佐藤榮作日記』第3巻（朝日新聞社、1998年）
信夫隆司『若泉敬と日米密約　沖縄返還と繊維交渉をめぐる密使外交』（日本評論社、2012年）
島川雅史『増補・アメリカの戦争と日米安保体制　在日米軍と日本の役割』（社会評論社、2003年）
下田武三著、永野信利構成・編『戦後日本外交の証言』下巻（行政問題研究所、1985年）
マイケル・シャラー（Michael Schaller）『「日米関係」とは何だったのか　占領期から冷戦終結後まで』市川洋一訳（草思社、2004年）
杉田弘毅『検証　非核の選択』（岩波書店、2005年）
外岡秀俊、本田優、三浦俊章『日米同盟半世紀　安保と密約』（朝日新聞社、2001年）
高橋博子『封印されたヒロシマ・ナガサキ　米核実験と民間防衛計画』（凱風社、2008年）
田窪雅文『核兵器全廃への新たな潮流　注目すべき米国政界重鎮四人の提言』（原水爆禁止日本国民会議、2009年）
中馬清福『密約外交』（文春新書、2002年）
東郷文彦『日米外交三十年』（世界の動き社、1982年）
ドウス昌代『水爆搭載機水没事件　トップ・ガンの死』（講談社文庫、1997年）
中曽根康弘『自省録　歴史法廷の被告として』（新潮社、2004年）
新原昭治『「核兵器使用計画」を読み解く　アメリカ新核戦略と日本』（新日本出版社、2002年）
新原昭治、浅見善吉『アメリカ核戦略と日本』（新日本出版社、1979年）
原彬久『戦後日本と国際政治　安保改定の政治力学』（中央公論社、1988年）
原彬久『日米関係の構図　安保改定を検証する』（NHKブックス、1991年）
藤田博司『どうする情報源　報道改革の分水嶺』（リベルタ出版、2010年）
不破哲三『日米核密約』（新日本出版社、2000年）
ジェームズ・A・ベーカーⅢ『シャトル外交　激動の四年』下巻　仙名紀訳（新潮文庫、1997年）
村田良平『村田良平回想録　戦いに敗れし国に仕えて』上巻（ミネルヴァ書房、2008年）
森瀧市郎追悼集『人類は生きねばならぬ　森瀧市郎の歩み』（森瀧市郎追悼集刊行委員会、1995年）
森田吉彦『評伝　若泉敬　愛国の密使』（文春新書、2011年）
安川壮『忘れ得ぬ思い出とこれからの日米外交　パールハーバーから半世紀』（世界の動き社、1991年）
山岡淳一郎『原発と権力　戦後から辿る支配者の系譜』（ちくま新書、2011年）
山崎正勝『日本の核開発：1939～1955　原爆から原子力へ』（績文堂、2011年）
山田克哉『日本は原子爆弾をつくれるのか』（PHP新書、2009年）
吉次公介『池田政権期の日本外交と冷戦　戦後日本外交の座標軸 1960-1964』（岩波書店、2009年）
エドウィン・O・ライシャワー『ライシャワー自伝』徳岡孝夫訳（文藝春秋、1987年）
若泉敬『他策ナカリシヲ信ゼムト欲ス』（文藝春秋、1994年）
Bernard Brodie, ed., *The Absolute Weapon: Atomic Power and World Order* (New York: Harcourt, Brace and Company, 1946).
McGeorge Bundy, *Danger and Survival: Choice About the Bomb in the First Fifty Years* (New York: Vintage Books, 1990).
George Bunn, *Arms Control by Committee: Managing Negotiations with the Russians* (Stanford, California: Stanford University Press, 1992).
Thomas B. Cochran, William M. Arkin and Milton M. Hoenig, *U.S.Nuclear Forces and Capabilities, Volume I*, (Cambridge, Massachusetts: Ballinger Publishing Company, 1984).
Thomas H. Etzold and John Lewis Gaddis (eds.), *Containment: Documents on American Policy and Strategy, 1945-1950* (New York: Columbia University Press, 1978).

U.S. Department of Defense, *Nuclear Posture Review Report*, April, 2010.
U.S. Department of Defense, “Background Briefing on the Nuclear Posture Review from the Pentagon,” April 6, 2010.
U.S. Senate, Committee on Armed Service, “To Receive Testimony on the Report of the Congressional Commission on the Strategic Posture of the United States,” May 7, 2009.
U.S. Government Accountability Office, “Strategic Weapons: Changes in the Nuclear Weapons Targeting Process Since1991,” July, 2012.

２．図書

朝日新聞特別取材班、吉田文彦編『核を追う　テロと闇市場に揺れる世界』(朝日新聞社、2005年)
有馬哲夫『原発・正力・ＣＩＡ　機密文書で読む昭和裏面史』(新潮新書、2008年)
安全保障調査会『日本の安全保障 1968年版』(朝雲新聞社、1968年)
梅林宏道『空母ミッドウェーと日本』(岩波ブックレット、1991年)
梅林宏道『在日米軍』(岩波新書、2002年)
NHK取材班『戦後50年その時日本は』第4巻「沖縄返還・日米の密約、列島改造・田中角栄の挑戦と挫折」(日本放送出版協会、1996年)
ロバート・D・エルドリッヂ『奄美返還と日米関係』(南方新社、2003年)
ロバート・D・エルドリッヂ『硫黄島と小笠原をめぐる日米関係』(南方新社、2008年)
太田昌克『盟約の闇　「核の傘」と日米同盟』(日本評論社、2004年)
太田昌克『アトミック・ゴースト』(講談社、2008年)
太田昌克『日米「核密約」の全貌』(筑摩選書、2011年)
太田昌克、共同通信核取材班『「核の今」がわかる本』(講談社＋α新書、2011年)
大平正芳『私の履歴書』(日本経済新聞社、1978年)
小川伸一『「核」軍備管理・軍縮のゆくえ』(芦書房、1996年)
小都元『核兵器事典』(新紀元社、2005年)
我部政明『沖縄返還とは何だったのか　日米戦後交渉史の中で』(NHKブックス、2000年)
我部政明『日米安保を考え直す』(講談社現代新書、2002年)
我部政明『戦後日米関係と安全保障』(吉川弘文館、2007年)
岸信介『岸信介回顧録　保守合同と安保改定』(廣済堂出版、1983年)
ジョン・L・ギャディス『ロング・ピース　冷戦史の証言「核・緊張・平和」』五味俊樹他訳(芦書房、2002年)
楠田實著、和田純、五百旗頭真編『楠田實日記　佐藤栄作総理首席秘書官の二〇〇〇日』(中央公論新社、2001年)
栗山尚一著、中島琢磨、服部龍二、江藤名保子編『外交証言録　沖縄返還・日中国交正常化・日米「密約」』(岩波書店、2010年)
黒崎輝『核兵器と日米関係　アメリカの核不拡散外交と日本の選択 1960-1976』(有志舎、2006年)
河野康子『沖縄返還をめぐる政治と外交　日米関係史の文脈』(東京大学出版会、1994年)
後藤乾一『「沖縄核密約」を背負って　若泉敬の生涯』(岩波書店、2010年)
斉藤光政『米軍「秘密」基地ミサワ』(同時代社、2002年)
坂元一哉『日米同盟の絆　安保条約と相互性の模索』(有斐閣、2000年)
佐々木卓也『アイゼンハワー政権の封じ込め政策』(有斐閣、2008年)
佐藤栄作著、伊藤隆監修『佐藤榮作日記』第2巻(朝日新聞社、1998年)

参考文献リスト（日本語資料はアイウエオ順、英語資料はアルファベット順）

1．一次資料

〈文書群〉

Records of the Department of State, Record Group 59, The National Archives in College Park.

History of Civil Administration of the Ryukyu Islands, Record of Army Staff, RG319, NACP.

National Security Files (NSF), the John F. Kennedy Library.

National Security Files (NSF), the Lyndon B. Johnson Library.

Ann Whitman File, Administration Series, the Dwight D. Eisenhower Library.（沖縄県公文書館が複写所蔵）

「日米密約に関する日本外務省開示文書」（2010年）

〈個別文書〉

Institute for Defense Analyses, The Evolution of U.S. Strategic Command and Control and Warning, 1945-72.

Joint Chiefs of Staff, "Doctrine for Joint Nuclear Operations (Final Cordination2)," March 15, 2005.

Office of the Assistant Secretary of Defense(Atomic Energy), "History of the Custody and Deployment of Nuclear Weapons (U) July 1945 through September 1977."

United Nations official document, "2010 Review Conference of the Parties to the Treaty on the Non-Proliferation of Nuclear Weapons, Final Document, Volume1."

U.S. Naval Institute, The Reminiscences of Admiral Charles Donald Griffin, U.S. Navy (Retired),(oral history), Volume I, Annapolis, Maryland, 1973.

U.S. Naval Institute, The Reminiscences of Rear Admiral James D. Ramage, U.S. Navy (Retired) (oral history), Annapolis, Maryland, 1999.

「日本の核政策に関する基礎的研究（その一）－独立核戦力創設の技術的・組織的・財政的可能性－」（1968年9月）

「日本の核政策に関する基礎的研究（その二）－独立核戦力の戦略的・外交的・政治的諸問題－」（1970年1月）

外務省外交政策企画委員会「わが国の外交政策大綱」（1969年）

〈その他政府機関刊行物、一次資料刊行物〉

石井修監修『アメリカ合衆国対日政策文書集成Ⅰ　日米外交防衛問題　1959-1960年』第7巻（柏書房、1996年）

石井修、小野直樹監修『アメリカ合衆国対日政策文書集成Ⅴ　日米外交防衛問題　1958年』第4巻（柏書房、1998年）

外務省調査チーム『いわゆる「密約」問題に関する調査報告書』（外務省、2010年3月5日）

外務省有識者委員会『いわゆる「密約」問題に関する有識者委員会報告書』（外務省、2010年3月9日）

斎藤真、永井陽之助、山本満編『戦後資料　日米関係』（日本評論社、1970年）

新原昭治編訳『米政府安保外交秘密文書　資料・解説』（新日本出版社、1990年）

「資料・日米軍事関係の50年」『世界別冊　ハンドブック新ガイドラインって何だ？』（岩波書店、1997年）

The Congressional Commission on the Strategic Posture of the United States, "America's Strategic Posture", United State Institute of Peace Press, 2009.

Papers of U. Alexis Johnson (Oral History), the LBJ Library.

秘録《ひろく》 核《かく》スクープの裏側《うらがわ》

2013年4月1日　第1刷発行

著　者　太《おお》田《た》昌克《まさかつ》

発行者　鈴木 哲
発行所　株式会社講談社
　　　東京都文京区音羽二丁目12-21
　　　郵便番号112-8001
　　　電話　出版部　03-5395-3522
　　　　　　販売部　03-5395-3622
　　　　　　業務部　03-5395-3615

装　丁　下山 隆　福永真未（RedRooster）
本文データ制作　講談社デジタル製作部
印刷所　豊国印刷株式会社
製本所　黒柳製本株式会社

ISBN978-4-06-217423-7
N.D.C.913　255p　19cm